함께한 사람들

고동현

나이스지니ㄷ 를 담당하고 있다. 상권 데이터, 지자체 및 공공 하고 있으며, 경기동향 모니터링, 금융, 공공 등

김수현

나이스지니데이타에서 리테일 분석을 수행했고 현재는 개인신용평가모형 개발 컨설팅을 수행하는 데이터 분석 전문가이다. 금융분야의 데이터 분석경험을 살려 리테일분야에서 다양하게 활용할 수 있도록 연구중이다.

문희연

15년 이상 금융 및 정보회사의 신용 데이터를 전문적으로 분석 및 운영한 데이터 분석 전문가이다. 나이스지니데이타에서 오랜 기간 복합시설 피플카운팅, 부동산 및 자동차 데이터 분석을 수행했으며 은행 및 카드사 프로젝트 경험을 다수 갖고 있다.

박성은

지난 10년간 상권정보를 활용해 서비스 기획 및 분석을 수행한 데이터 기획 전문가이다. 데이터 발굴부터 제휴까지 다양한 분야를 경험했고 특히 공공부문 빅데이터 활용에 전문성을 갖고 있다. 현재는 나이스평가정보에서 마이데이터사업 서비스 기획을 맡고 있다.

배경진

나이스지니데이타에서 오랜 기간 POS 데이터를 활용해 리테일분야를 분석한 데이터 분석 전문가이다. 주류업계에 필요한 외식 및 유통 POS 데이터를 정제 및 분석해 마켓 모니터링, 신제품 판매효과 분석 프로젝트 등을 수행했다.

서상문

나이스지니데이타에서 데이터 가공 및 분석 컨설팅 업무를 수행하고 있다. 식음료, 공산품, 소비제품 등 Consumer Packaged Goods 관련 분석을 전문으로 하고 있으며, POS, 공공 데이터를 많이 다룬다. AI 모델링에 관심이 많다.

송재익

나이스평가정보에서 10년간 다양한 데이터 기반 플랫폼을 운영했으며, 2015년부터 나이스지니데이타에서 데이터 조직 운영경험을 바탕으로 데이터 결합, 유통 및 가치평가 등 신사업을 이끌고 있다. 현재는 데이터 3법 시행에 따라 가명데이터 활용사업을 발굴중이다.

윤재헌

지난 10년간 데이터 파이프라인 구축을 포함해 데이터 관리 실무를 수행한 데이터 운영 전문가이다. 상권정보부터 부동산, 포스 데이터에 이르기까지 다양한 상거래 데이터 운영경험을 갖고 있다. 현재 나이스평가정보에서 신용 데이터 기반 솔루션 사업을 하고 있다.

윤현호

공공기관에서 전국 지자체의 빅데이터 활용사업을 수행한 공공부문 데이터 컨설팅 전문가이다. 나이스지니데이타에서 지자체 및 공공기관의 데이터 활용을 주도해왔다. 특히 지역축제분석, 경기동향 모니터링 등 수많은 프로젝트를 이끌고 있다.

이정재

나이스평가정보에서 10년간 9개 국가의 금융, 통신, 유통분야 데이터 분석을 수행한 데이터 컨설팅 전문가이다. 2019년부터 나이스지니데이타에서 금융과 유통 간 융합정보를 활용해 많은 프로젝트들을 성공적으로 수행했으며 현재 유통분야 빅데이터 컨설팅 사업을 이끌고 있다.

이한동

나이스지니데이타에서 오랜 기간 데이터 정제, 분석 및 인사이트 업무를 담당하고 있다. 상권 데이터, 지자체 및 공공기관의 공공 데이터, SNS 데이터 분석을 수행하고 있으며, 복합몰 피플카운팅, 리테일 고객분석 등 다양한 분야의 데이터 분석경험을 갖고 있다.

정인중

나이스지니데이타에서 데이터 정제, 분석 및 인사이트 업무를 담당하고 있다. 특히 다양한 자동차 데이터를 정제하고 분석해 자동차 및 금융회사가 내부 프로세스에 활용할 수 있게 하고 있다. 자동차와 금융업종 간 데이터 결합에 관심이 많다.

정진관

나이스평가정보에서 15년간 50개 이상의 기업 및 개인신용평가 모델링, 컨설팅 프로젝트 업무를 수행한 신용평가 데이터 컨설팅 전문가이다. 현재는 나이스지니데이타에서 금융, 유통정보를 활용해 빅데이터 컨설팅 사업을 이끌고 있다.

최준호

나이스지니데이타에서 오랜 기간 POS 데이터를 활용해 리테일분야를 분석한 데이터 분석 전문가이다. 담배, 제과 등 다양한 유통 POS 데이터를 활용해 마켓 모니터링, 신제품 판매효과 분석 프로젝트 등을 수행했다.

나이스한 데이터 분석

나이스한 데이터 분석

데이터가
말하는
트렌드

나이스지니데이타 지음
NICEZINIDATA

이콘

서문

불철주야 현장을 지키고 있을

호모 데이터쿠스들을 위해

우리는 데이터와 밀접한 일상을 살아간다. 출근길에 버스를 탄 정류장의 이름은 무엇인지, 점심에 먹은 메뉴는 무엇인지, 온라인 쇼핑에서 산 물건은 무엇인지가 모두 데이터로 기록된다. 현대사회에서 인간은 끊임없이 데이터를 남기고 삶이 곧 데이터로 표현되기도 한다.

마케팅이나 신제품개발 담당자부터 데이터 전문가에 이르기까지 다양한 분야에서 데이터를 활용해 업무를 처리하고 개선하는 사람들도 늘고 있다. 데이터 3법 시행 이후에 등장한 '마이데이터' 제도는 고객이, 즉 정보의 주체가 본인의 정보를 관리하고, 통제하고, 활용하는 새로운 패러다임을 가져왔다. 즉, 데이터를 만들고 정리하고 쓰는 '호모 데이터쿠스Homo Datacus'로 인류가 진화하게 된 것이다.

『나이스한 데이터 분석』은 그중에서도 데이터를 활용하는 호모 데이터쿠스들이 써 내려간 관심사이며, 이를 통해 불철주야 현장을 지키고 있을 다른 호모 데이터쿠스들에게 색다른 인사이트를 일깨우고자 한다. 다만 방법적으로 무엇을, 어떻게, 왜 같은 크고 어려운 그림보다는 트렌드, 데이터 지수, 분석방법 같은 더 작고 구체적인 그림을 택했다. 이 책을 읽는 호모 데이터쿠스들은 다양한 관점의 주제들을 퍼즐처럼 모아 자신만의 큰 그림을 그려보길 바란다. 다음은 더 작고 구체적인 그림에 해당하는 책의 특징들이다.

첫째, 소셜 데이터나 판매 데이터 등 쉽게 접할 수 있는 데이터를 가지고 트렌드라는 주제를 재미있게 풀어냈다. 밀레니엄 세대는 SNS를 통해 서로 소통하면서 새로운 소비흐름을 만들어가는 대표적인 고객층이다. 소비자라는 역할에 머물지 않고 생산에 적극적으로 의견을 반영하며 시장에서 중요한 역할을 하는 그들의 소비패턴을 알아보고자 한다.

둘째, 전문성은 살리되 '혼술' 'O트로' 등 생활밀착형 트렌드로 현실감을 살렸다. 최근 트렌드 전문서적들이 늘어나며 이에 대한 독자들의 관심이 높다. 데이터로 트렌드의 신뢰도를 높이는 전략도 좋지만 그렇다고 이 책까지 트렌드 소개를 핵심으로 하려는 건 아니다. 오히려 데이터가 트렌드를 통해 풀이되는 과정을 담았다.

셋째, 널리 퍼진 지식보다는 고유한 경험을 담았다. 마케팅, 신제품 개발, 영업관리 등으로 고군분투할 직장인들과 매일 밤 데이터(또는 처리시스템)와 싸우고 있을 고객분석, 리스크관리 데이터 담당자들을 위해 암기식 지식보다는 현장에서 터득한 노하우를 전달하고자 했다. 세계적인 거장들의 강의보다 옆자리 동료에게서 배울 점이 더 많은 법이다.

1부는 일반인들도 쉽게 이해할 수 있도록 데이터를 활용한 트렌드 사례를 제시한다. 트렌드 이면의 진실을 파헤쳐 뉴노멀 시대로 향하는 한국사회의 변화를 분석한다.

예를 들어, 비대면이 일상화된 시대에 혼자이지만 혼자 놀지 않는 공유 트렌드를 소셜 데이터로 진단해본다. 또 '옛것이 좋은 것인가?'를 주제로 편의점에 불어온 레트로, 뉴트로 트렌드를 판매 데이터로 들여다보기도 한다.

2부는 빅데이터 담당자들이 실전에서 해야 할 일들과 하지 말아야 할 실수들에 대해 말한다.

강한 자가 살아남는 게 아니라 살아남는 자가 강한 자라는 의미에서 실제로 데이터를 운영하고 관리하면서 겪게 되는 문제들과 다양한 시행착오를 현장 전문가의 목소리로 들려준다. 또 툭하면 빅데이터를 논하는 시대에 기업이 가진 포지션, 인프라, 데이터, 알고리즘을 고민하며 데이터 비즈니스를 계획할 수 있게끔 유도하고자 했다.

이 책을 읽고 '데이터 좀 만질 줄 안다는 전문가들의 수다'라고 느끼거나 '허풍을 걷어내면 모니터 앞에서 끙끙대는 그들의 쓸쓸함'이 엿보인다면, 모두 저자의 준비와 역량이 부족한 탓이다. 특히 아까운 시간을 내어 읽어주신 호모 데이터쿠스들에게 남는 게 없다면 어떡하지 싶다. 모쪼록 글 속에 갈아 넣은 영혼 한 가닥이라도 발견해주시길. 끝으로 그동안 데이터 분석을 통해 얻은 트렌드와 분석경험을 공유할 수 있게 해준 나이스지니데이타 분석가들에게 고마움을 전한다. 책을 출판해주신 이콘출판사 김승욱 대표님과 박영서 편집자께도 감사하다.

2021년 11월

정선동

목차

1부

2부

"데이터 회사에서는 어떤 일을 하나요?"라는 질문을 많이 받곤 한다. "눈에 보이지 않는 데이터를 수집, 처리, 분석한 후 현장에서 활용할 인사이트를 만들어낸다" 같은 교과서적인 대답은 원치 않아 보인다. 대신 "축제나 행사를 하면 지역경제가 얼마나 활성화될지 측정하고 우리 동네 골목상권에 중식집을 차리면 성공할지 평가하고 어떤 물건을 가져다 놓으면 잘 팔릴지 전략을 수립한다"라고 하면 그나마 끄덕인다. 그래도 쉽게 와 닿지 않는 눈치다.
반면 "집콕 하면서 ○○한다" "새로 나온 ○○ 술이 잘 팔린다" "편의점에 어릴 적 먹던 ○○○이 다시 나온다" "최신 유럽산 ○○차를 사고 싶다" 그리고 "애들 때문에 ○○으로 이사 간다" 같은 이야기는 데이터 하나 없이도 쉽게 말한다. 생활에서 쉽게 보고 듣고 경험할 수 있는 것들이기 때문이다.
다시 같은 질문을 받았다고 가정해보자. "기업, 공공기관, 개인(사업자)이 이미 알고 있거나 널리 알려진 트렌드에 데이터를 입혀 측정하고 해석해서 가설이 맞는지 확인하는 일을 한다"라고 하면 이해가 쉬울까 싶다. 경험상 80% 정도는 일치한다. 담당자들도 좋아한다. 문제는 20%이다. 예상에서 벗어나거나 특이한 케이스가 생기면 그때부터 바빠진다. 봐야 할 데이터가 많아지면서 밤낮으로 데이터를 붙잡고 씨름하게 된다. 답이 있으면 좋지만 없으면 가장 납득할 만한 이유를 찾는다. 그 과정에서

1부

데이터를 수집, 처리, 분석하는 기술을 활용하고 모형을 개발한다. 때론 기계학습 같은 신기술이 필요하기도 하다.

1부는 '데이터로 바라본 트렌드'를 주제로 데이터 회사가 하는 일에 대해 간접적으로 소개한다. 트렌드가 시각화되는 과정에서 어떤 종류의 데이터와 분석방법이 쓰이는지 확인해보길 바란다.
먼저 1장은 코로나19 이후의 대표적인 트렌드인 집콕이 만들어낸 변화를 소셜(검색량) 데이터와 통합검색, 패턴분석으로 이야기한다. 2장은 끊임없이 변화하는 주류시장의 트렌드를 들여다보면서 판매 데이터의 중요성을, 3장은 이 판매 데이터를 바탕으로 제품의 성공 여부를 검증하는 프레임워크를 포함하며 편의점 제품을 중심으로 뉴트로 트렌드에 대해 말한다. 4장은 자동차 중에서도 수입차 트렌드를 다양한 공공, 민간 데이터를 활용해 진단하고 거기에 숨어있는 연관성과 특이사례를 회귀분석과 지리적 분석기법으로 소개한다. 마지막으로 5장은 맹모삼천지교를 주제로 우리나라의 높은 교육열이 만든 학군과 관련된 트렌드를 학원가 데이터로 확인하면서 고사의 의미를 다시금 새겨본다.

1장

집콕, 더 이상 혼자 놀지 않는다

윤현호, 이한동, 고동현

집 안에 콕 박혀 머무른다는 의미의 줄임말인 '집콕'은 2020년 코로나19의 확산으로 자주 사용하게 된 말이다. 대면활동으로 인한 감염 우려와 정부의 사회적 거리두기 시행은 사람들이 집에 있는 시간을 절대적으로 많이 늘어나게 만들었다. 갑자기 집에만 있게 된 사람들이 기존의 방식으로는 타인과 시간을 함께 보낼 수 없게 되면서 새로운 여가활동의 일환으로 집콕이라는 키워드가 자연스레 떠오르게 되었다.

2020년 1월 20일 국내 첫 코로나19 감염 확진자가 발생한 이후, 2월 18일 대구지역의 31번째 확진자 발생으로 인한 집단감염 우려가 확산되면서 사람들은 외출이나 모임을 자제하고 자발적으로 사회적 거리두기에 참여했다. 그리고 3월 22일부터 시행된 강화된 사회적 거리두기는 사람들의 일상을 완전히 바꿔놓았다. 집단시설 이용 제한, 여가 프로그램 중단, 재택근무 시행 등으로 인해 더욱 많은 사람들의 집콕이 시작된 것이다.

집콕 이전에도 혼자서 여가를 즐기는 문화는 존재했다. 혼자서 밥을 먹는 '혼밥', 혼자서 술을 마시는 '혼술', 소소하지만 확실한 행복을 뜻하는 '소확행' 등은 코로나19가 심각해지기 전에도 존재하던 하나의 삶의 방식이었다.

물론 이러한 생활방식을 가진 사람들에 대한 편견도 있었다. 혼자 지내기를 좋아하는 사람들은 사회성이 부족하거나, 개인적인 문제가 있다는 식으로 말이다. 하지만 감염의 위험으로부터 벗어나 집 안에서 시간을 보내길 원하는 사회적 분위기가 조성되면서 자연스레 집콕 생활자들의 개인활동은 어느 때보다 긍정적인 관심을 받게 되었다.

데이터로 집콕을 들여다보자

나이스지니데이타가 보유한 전국의 약 10만 개의 POS 가맹점과 약 70만 개의 외식산업에 참여중인 카드 가맹점들의 거래 데이터를 활용해 코로나19 이후의 소비패턴을 분석해보면, 주거지 인근 상권 이용은 증가하고 지역 중심지 상권 이용은 현저히 감소한 것을 확인할 수 있다. 외출이 줄어들고 집 안에서의 생활이 증가하며 업무 환경 역시 재택으로 바뀌었기 때문에 사람들은 주거지 인근 상권에서 생필품을 구매하거나 음식을 시켜 먹는다. 반면 지인과 약속을 잡거나 여러 사람들과 모여서 하는 활동은 하지 않기 때문에 모임에 적합한 중심지 상권을 이용할 일은 줄어든 것이다. 이는 사람들의 외출과 바깥에서의 활동이 크게 줄어들면서 누구나 집 안에 머무르는 물리적 시간이 증가했다는 것을 보여주는 결과이다.

대부분의 사람들은 생전 처음으로 집 안에서만 시간을 보내며 익숙하지 않은 집콕을 장기간 견뎌야 하는 상황을 맞이했다. 반강제적인 집콕은 평소 집에서 보낼 수 있는 시간이 충분하지 않아 그동안 하지 못했던 휴식이나 각종 활동에 대한 열망을 해소할 수 있는 기회가 되고 있다. 그러나 다른 한편으로는 자칫 무료하거나 무의미하게 시간을 흘려보낼지도 모른다는 부담도 갖게 했다. 개인에게 주어진 시간이 증가하면서, 혼자 놀아볼 기회가 적었던 사람들이 심심해하기 시작했고 재미를 추구하기 위해 애를 쓰게 되었다. 이 장에서는 대표적인 소셜 데이터인 검색량 데이터를 통해 이러한 집콕이 바꾼 사람들의 생활패턴에 대해 알아보고자 한다.

집콕은 정말 혼자 하는 걸까?

코로나19로 인한 집콕은 일부 집단에만 발생한 선택적 상황이 아니라 이 시대를 살고 있는 우리 모두가 똑같이 경험하고 감내해야 하는 사회적 현상이라는 점에서 기존의 선입견에서 벗어난 새로운 차원의 트렌드이다. 집콕이라는 조건 안에서 시간을 잘 보내기 위해 고민하면서 의미도 있고 즐거움도 추구할 수 있는 활동을 하고 싶어 하는 것이다. 그리고 이러한 욕구는 혼자 하는 활동에 그치지 않고 타인을 향한 관심으로 나아갔다.

과거의 여러 역사적 사례에서 찾아볼 수 있듯이, 본래 우리나라 사람들은 국가적 위기에 대응하는 공동체적 정신이 강한 특성이 있다. 집콕 역시 감염병이라는 국가적 위기를 극복하기 위해 반드시 필요한 조치라고 받아들이며, 집콕을 슬기롭게 대처할 수 있는 방법에 대해 모두가 나서서 고심하기 시작했다.

집콕이 만들어낸 '집 안에서 시간 보내기' '두려움 가득한 시련의 시간을 건강하게 이겨내기' 등 공통된 이슈로 사람들은 타인과의 공감대를 형성했다. 여기서 더 나아가 평소에 익숙하게 접하던 매체를 통해 각자의 생활을 공유하는 문화가 만들어진 것이다.

한동안 유행한 '달고나 커피 만들기'는 이러한 집콕이 파생시킨 새로운 종류의 놀이였다. 처음에는 무료한 시간을 보내기 위한 방편으로 시작했지만, 이것이 콘텐츠로 제작되어 SNS라는 매체를 통해 공유되면서 집에서 시간을 보내는 사람들을 위한 일종의 놀이로 발전했다. 그러나 사람들의 놀이는 습득한 내용에 따라 집에서 혼자 달고나 커피를 만들어보는 것에만 그치지 않았다. 달고나 커피를 만드는 활동에 대한 저마다의 콘텐츠가 양산되었으며, 커피를 만들면서 경험한 고단함과 감정들을 다른 사람들과 나누며 또 다른 즐거움을 추구하게 되었다.

달고나 커피 만들기가 유례없는 위기에서의 유쾌한 추억으로 지나갈 수 있기를 기대했지만, 코로나19의 끝은 보이지 않았다. 사람들이 만드는 '집에서 혼자 놀기' 콘텐츠는 다양한 영역으로 확장되어 무궁무진해졌다. 집 안에서의 쾌적하고 만족스러운 생활을 위한 최신 가전제품, 가구 구매량이 증가했고 이에 대한 정보를 공유하는 콘텐츠도 증가했다. 뿐만 아니라 전에 비해 늘어난 건강에 대한 관심으로 배달음식에 의존하던 식습관에서 벗어나 밀키트나 간단한 재료를 활용해 직접 요리를 만들어 먹는 콘텐츠가 늘어나기도 했다. 그 밖에 운동, 독서, 교육 등 자기계발을 위한 콘텐츠를 공유하거나 화상을 통한 스터디 모임에 열중하는 모습도 보였다.

사회적 관계망(SNS)은 대면적이고 직접적이었던 사회적 관계 맺기를 온라인으로 확장시켰다. 이 시대를 사는 사람들은 자기를 표현하고 타인에게 보여주는 것에 익숙하며 역으로 다른 사람에 대해 확인하고 알고 싶어 하기도 한다. 또한 온라인을 통해 자유롭게 정보를 습득하며 집단지성에 높은 신뢰를 갖는 현대인들은 매일 스마트폰을 손에 들고 하루 종일 콘텐츠를 소비한다. 자신의 콘텐츠를 타인과 공유하는 것을 즐기며 타인이 주는 반응과 의견에 만족과 즐거움을 느끼는 생활은 일상이 되었다.

이러한 속성으로 인해 집콕을 하게 된 사람들은 집에서 혼자 보내는 시간과 활동을 온전하게 자기만의 것으로 남기려 하지 않는다. 기존의 집콕이 사람들과 거리를 두고 혼자 즐기는 것이었다면, 코로나19 이후의 집콕은 비록 모든 활동이 비대면으로 이루어지긴 하지만 화면 너머의 사람들과 자신의 생활을 공유하는 형태로 변하게 되었다.

사람들은 언제 집콕을 검색했을까?

집 안에서 그리고 타인과의 비대면 상황에서 사람들은 어떻게 하면 이 생활을 더 즐겁고 만족스럽게 보낼 수 있는지, 다른 사람들은 무엇을 하면서 시간을 보내는지 알고 싶어 한다. 그러곤 집콕에 대한 정보를 얻기 위해 온라인 포털에서 검색부터 시작한다. 이와 같은 사람들의 행동은 무수한 데이터를 발생시키며 이렇게 수집한 데이터를 통해 집콕 트렌드에 대한 분석이 가능하다.

최근 몇 개월 동안 일어난 사회현상의 흐름은 집콕에 대한 데이터 분석결과에 그대로 반영되어 나타난다. 네이버 오픈 API*의 검색어 트렌드 툴을 활용해 집콕에 대한 검색 추이를 살펴보면, 2020년 1월 27일 집콕 관련 키워드의 검색량이 들썩이기 시작한다. 코로나19라는 감염병에 대해 잘 알지 못했던 사람들이 뉴스 보도와 자료를 통해 정보를 얻게 되고, 막연한 두려움으로 인해 집에 머무는 시간이 증가하면서 집콕에 대한 관심도가 높아진 것이다.

이후 집콕 관련 키워드 검색량은 2월 24일, 3월 2일, 3월 16일에 폭증을 거쳐 3월 30일과 4월 6일에 정점을 찍는 것으로 나타난다. 코로나19 확진자수와 강화된 사회적 거리두기 시행으로 인한 집콕생활자들의 증가 추이가 정확히 맞물리는 패턴이다.

통합검색에서는 대표적인 속성의 키워드(집콕)를 검색했을 때, 포괄적인 관점에서 다양한 결과가 도출되기 때문에 검색자가 원하는 내용을 골라내기에 용이하다. 집콕을 검색했을 때 '집콕' '집콕놀이' '집콕생활' 등 관련 키워드에 해당되는 모든 자료를 종류별로 분류해

* Application Programming Interface. 운영체제와 응용프로그램 사이의 통신에 사용되는 언어나 형식.

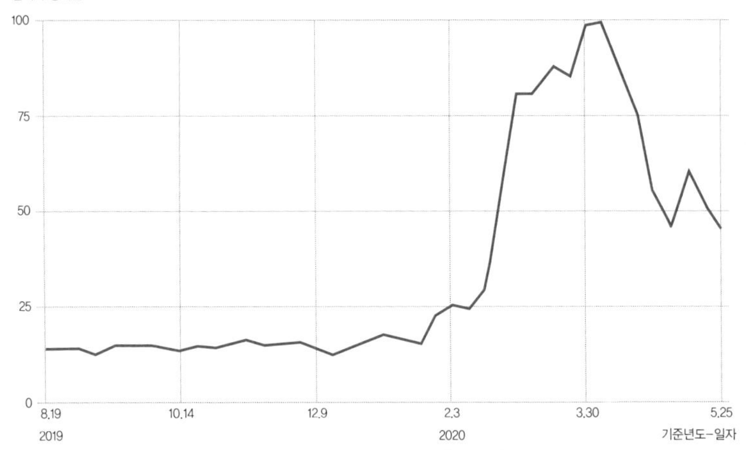

● **집콕** (집콕, 집콕놀이, 집콕생활, 집콕챌린지, 집쿡, 홈가드닝, 홈카페, 홈테인먼트)

집콕에 대한 검색량 변화

보여준다. 그리고 이러한 검색방식은 데이터 분석가들에게 사람들이 많이 검색한 키워드에 따른 패턴 정보를 제공한다. 집콕 관련 키워드의 검색량 추이를 통해 일별 흐름에 따른 사람들의 관심도를 알 수 있는 것이다.

일반적으로 사람들은 집 안에서만 머무르지 않고 야외에서의 활동을 충분히 즐겨왔다. 여러 유형의 시설을 이용하면서 다양한 문화와 스포츠 활동을 누려왔다. 또한 혼자 하는 활동이 있는가 하면 여럿이 모여 함께 해야 더욱 즐거운 활동들이 있기에 타인과의 관계 속에서 일상을 보내왔다. 이렇게 자연스럽고 당연했던 것들이 집콕

* 최대 검색어 조회량을 100으로 하여 상대수치 산출.

이후 당연하지 않은 것이 되어버렸다. 신종 바이러스라는 위협 요인을 멀리하고 건강한 삶을 영위하기 위해 선택한 집콕이었지만 사람들은 힘들 수밖에 없었다.

자신만의 집콕을 보내고 타인과 이를 공유하면서 새로운 환경과 생활패턴에 적응하기 위한 노력도 해봤지만 이것이 코로나19가 불러온 여러 제약의 근본적인 해결책이 되지는 못했다. 더 이상 극장에서 마음 편히 영화를 보기도, 해외여행을 가기도 어려워졌다.

새롭게 떠오른 키워드는 무엇일까?

봄이 되어 날씨가 따뜻해지고 꽃이 만개하면서 장기화된 집콕 생활에 지친 사람들의 야외활동에 대한 욕구는 커져만 갔다. 실제로 집 밖으로 움직이는 사람들이 증가하면서 꽃놀이 등으로 인한 감염 우려가 매일 보도되기도 했다. 집콕 탈출을 감행한 사람들도 여전히 시설에서의 집단활동은 기피하며, 원거리로의 여행 또한 안심하지 못하고 있었다. 이와 같은 행동패턴은 사람들이 여가활동과 관련해 어떤 정보를 검색하는지, 데이터적 관찰을 통해 확인할 수 있다.

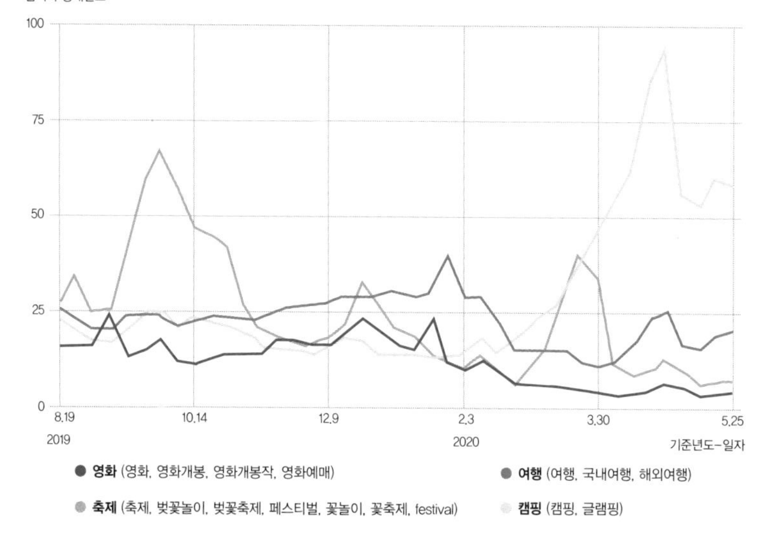

여가활동에 대한 검색량 변화

많은 사람들이 가장 쉽게 접해왔던 여가활동의 대표적인 예가 영화 관람일 것이다. 우리나라의 영화 콘텐츠와 관람 문화는 세계에서 인정받을 정도로 높은 수준이며 영화 관람이 일상에 자리 잡힌지도 오래다. 그러나 코로나19 이후, 많은 사람들이 밀집해 즐기는 영화 관람은 가장 기피하는 활동으로 꼽히고 있다. 이에 따라 '영화개봉작' '영화예매' 등에 대한 사람들의 검색이 크게 줄어들었다. 관객수도 크게 줄어 많은 영화들이 개봉을 미루는 현상도 나타났다.

이에 대한 대체제로 떠오른 것이 '넷플릭스' '왓챠' 같은 OTTOver The Top 서비스이다. OTT 서비스는 인터넷을 통해 볼 수 있는 TV 서비스를 의미하며 전파나 케이블이 아닌 TV로 수신하는 범용 인터넷망Public Internet으로 영상 콘텐츠를 제공한다. 코로나19 발생 이후 집안에서 오랜 시간을 보내게 되면서 증가한 OTT 서비스에 대한 관심과 이용은 OTT 서비스 시장을 활성화시켰다. 다양한 서비스들 중에서도 단연 돋보이는 검색어는 '넷플릭스'이며, 이는 새롭게 OTT 서비스에 가입하는 입문자들의 검색을 포함한 결과로 보인다. 이외에도 '왓챠플레이' '티빙' 등 다양한 서비스의 언급량도 많은 것으로 분석되었다.

OTT 서비스 이용과 관련한 주된 이슈는 '추천'에 있다. 먼저 콘텐츠를 경험한 사람들의 후기나 추천 정보가 최근 포털 뉴스에도 등장할 만큼 내용에 대한 공유가 활발하다. 3월 22일 사회적 거리두기 시행 시기에 OTT 서비스 관련 검색이 급증한 것을 알 수 있다.

코로나19로 인해 영화산업의 변화는 크다. 극장 상영 중심의 영화산업은 관객 감소 및 시설 운영방식 변경 등으로 인해 위기를 맞았다. 최근에는 이러한 전통방식을 포기하고 OTT를 중심으로, 혹은 상호 보완적인 형태로 산업구조가 재편되고 있다.

앞으로도 단체 관람 형식의 극장 방문에 대한 검색량은 감소하고 OTT 서비스 이용에 대한 검색량이 증가하는 추이는 지속될 것으로 보이며, OTT 채널은 더욱 다양해질 것으로 예상된다.

여행도 검색량에서 눈에 띄는 변화를 보였다. 여행은 사람들이 여

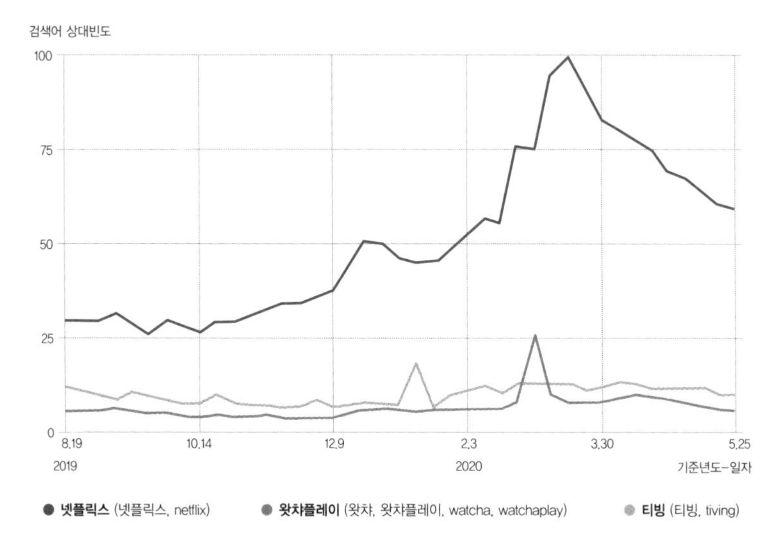

넷플릭스, 티빙, 왓챠플레이에 대한 검색량 변화

가를 즐기기 위해 가장 선호하는 활동이라고 할 수 있다. 우리나라의 발달된 교통시설과 해외 여러 나라와의 원만한 교류는 국민들에게 이동 편의를 지원하고 있으며, 선진적인 기술 환경은 각종 여행 정보는 물론, 예약 등에서도 편의를 제공한다. 그만큼 많은 사람들이 국내외로 여행을 해왔으며, 여행에 대한 정보를 공유하는 문화도 매우 활발했다. 그러나 코로나19의 감염 위험 때문에 사람들은 이동을 줄여나갔고, 이에 따라 여행과 관련한 정보를 탐색하는 일도 감소했다.

지역의 자연환경, 문화, 특산물 등을 접할 수 있는 중요한 관광 콘텐츠인 축제의 검색량도 변했다. 지역의 매력을 알릴 수 있는 다양한 프로그램이 계절에 따라 구성되기 때문에, 많은 사람들이 축제 개최 시기에 맞추어 관광을 계획한다. 축제에 대한 정보를 얻기 위한 검색이 활발히 이루어지는 만큼, 맞춤 정보를 제공하는 온라인 시스템 환경도 잘 갖추어져 있다.

3월이 되자 봄꽃축제에 대한 관심과 야외활동에 대한 욕구가 맞물려 잠시 검색량이 증가한 것을 확인할 수 있다. 그러나 축제에 대한 검색량은 전년도에 비해 훨씬 못 미치는 수준이었다. 이마저도 정부의 당부와 축제 취소 등 지자체의 조치로 인해 지속되지 못한 것으로 보인다.

한편, 사회적 거리두기를 실천하면서 야외활동에 대한 욕구를 해소할 수 있는 활동으로 부각된 캠핑이 새로운 검색어로 떠올랐다. 캠핑은 한적한 야외에서 가족 및 소그룹 단위로 행해지므로 사람들로 하여금 대안적 활동으로 각광받고 있다. 캠핑과 글램핑에 대한 사람들의 검색량을 보면 2019년에 비해 월등히 많아진 것을 확인할 수 있다. 3-5월에 해당하는 봄 시기의 검색량 총합은 전년도 동기간에 비해 약 3배가 넘는 수준으로 나타났다.

확장되는 집콕 트렌드

사람들은 집에서 무엇을 하면서 혼자 노는 걸까? 온라인 포털에서 '집콕'을 검색어로 입력해 올라오는 글들의 내용을 탐독하면 이 질문에 대한 궁금증을 어느 정도 해소할 수 있을 것이다. 그러나 이러한 접근은 많은 시간이 소요되며 상당한 피로감이 느껴지는 방법이다. 통합검색을 이용하면 키워드를 통해 좀더 수월하게 접근할 수 있다. 최근 집콕과 관련해 많이 언급되고 있는 트렌드 키워드를 수집하고 분류해보면 그중에서도 자주 언급되고 있는 주요 키워드를 추출할 수 있다.

집콕에 대한 워드클라우드

추출된 결과에서 가장 눈에 띄는 것은 의료진에 관련된 캠페인(덕분에 챌린지)이다. 워낙 많은 사람들이 코로나19의 최전선에 있는 의료진들을 향해 감사하는 마음을 공유했기 때문에 다른 키워드에 비해 언급량이 월등히 많은 것으로 분석되었다. 집에서 하는 놀이에 대한 주요 키워드를 분류한 결과, 언급된 빈도가 높은 내용은 '홈활동' '랜선활동' 'OTT 서비스'라고 할 수 있다.

집콕이 계속되자 가장 먼저 유행한 키워드는 앞에 '홈'이 붙는 단어들이다. 코로나19로 인한 팬데믹 상황 이전에는 집 밖의 공간이나 전문시설에서 하던 활동을 집에서 한다는 의미를 가진 단어들로, '홈가드닝' '홈짐' '홈카페' '홈쿠킹' '홈테이먼트' '홈트' 등 다양한 신조어가 지속적으로 만들어지고 있다. 또한 재택근무 등 장기간 이어진 집콕으로 인해 외부활동이 감소하면서 운동량이 줄어 '홈트레이닝'에 대한 필요성이 대두되면서 요가매트, 폼롤러, 요가링 등 간단한 운동기구에 대한 구매가 증가하기도 했다.

홈활동의 특징은 검색을 통해 다른 사람들이 하는 활동을 공유한다는 것이다. 혼자서는 도무지 즐겁지 않고 전문적인 도움 없이는 잘 해낼 수 없을 것만 같던 활동들을 온라인 콘텐츠를 보면서 집에서 혼자서도 할 수 있게 된 것이다. 다른 한편에서는 사람들의 홈활동을 돕기 위해 콘텐츠를 제작해서 배포하는 양도 증가했다. 이러한 콘텐츠 공유는 홈활동을 보다 쉽게 시도해볼 수 있게 만들었으며, 집콕에 대한 의미부여와 코로나 블루 극복을 돕는 긍정적 효과를 낳고 있다. AI 등의 기술을 접목하면서 홈활동에 대한 보다 전문적인 환경도 조성되고 있다.

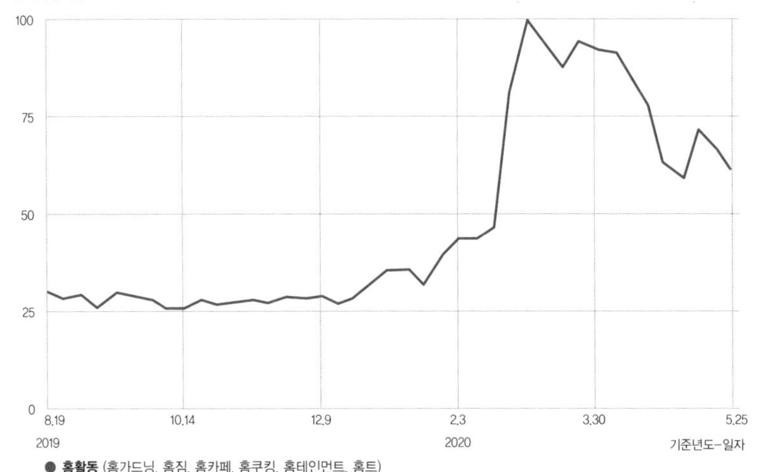

홈활동에 대한 검색량 변화

팬데믹 상황에서 만들어져 유행한 또 다른 키워드는 '랜선'이 붙는 단어들이다. 랜선의 랜LAN은 인터넷 선을 의미하는 것으로 온라인을 통한 활동 앞에 붙어 지속적으로 단어를 만들어낸다. 홈활동에 비해 다소 늦게 검색어로 등장한 특성이 있으며 사회적 거리두기 시행과 맞물려 검색량이 급격히 증가한 패턴이 확인된다. 특히 '랜선축제'와 '랜선여행'에 대한 관심이 두드러졌는데, 봄을 맞이했지만 자유롭게 외출을 할 수 없는 상황에서 간접적인 체험을 통해 대리만족을 경험하기 위한 사람들의 바람이 투영된 결과라고 볼 수 있다.

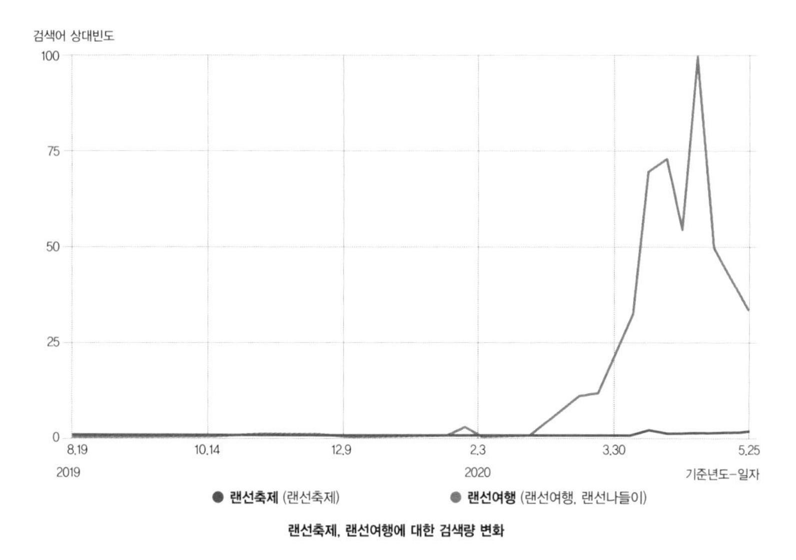

랜선축제, 랜선여행에 대한 검색량 변화

지역이 가진 자원과 문화를 널리 알리고 관광객 유입을 통한 경제·문화적 파급효과를 목적으로 개최되는 지역축제들은 코로나19로 인해 직격타를 맞았다. 팬데믹 초기에는 바이러스 요인을 원천 차단하고 타지역민 유입으로 인한 방역 부담을 최소화하기 위해 정책적으로 모든 축제가 취소되었다. 그러나 축제에 대한 관심과 지역민의 열정은 랜선축제라는 형태로 지역축제를 재탄생시켰다. 방문객들을 대상으로 개최되던 공연과 전시 프로그램은 온라인을 통해 서비스되어 집에서도 관람이 가능해졌다. 어린이를 포함해 많은 방문객들의 참여를 목적으로 하는 다양한 체험 프로그램들은 각종 키트로 제작되어 신청자들의 집으로 배송되었으며, 키트를 통한 활동의 과정과 결과를 동영상으로 찍어 주최 측에 보내는 이벤트 등을 개최했다. 지역의 특산물들은 홈쇼핑 같은 형태의 온라인 판매방식을 도입해 기존 축제보다 더욱 효과를 올리기도 했으며, 홈쿠킹 영상을 제작해 특산물 활용에 대한 정보를 공유하는 등 랜선축제의 여러 가지 시도는 즐거운 반향을 불러일으켰다.

팬데믹의 장기화는 랜선을 통한 활동 영역을 넓혀 콘텐츠에도 전문성을 반영했다. 또한 언택트Untact 상황에서 온라인을 통한 외부와의 연결On을 더한 개념인 온택트Ontact 활동도 대두되었다. 비록 비대면으로 진행되기는 하지만 콘텐츠 제공자와 참여자들이 함께 할 수 있는 방향으로 온라인 활동의 만족도를 높이게 되었다.

혼자이지만 혼자 놀지 않는 집콕, 랜선 관계 맺기

매일 아침 수영을 하던 친구도, 퇴근 후에 필라테스를 하던 동료도 강화된 사회적 거리두기 시행 이후 운동을 위한 전문기관이나 집합시설에 가지 못해 힘들어하다가 최근에는 집에서 만족스러운 운동을 하고 있다. 유튜브에서 쏟아지는 다양한 홈트레이닝 콘텐츠들이 흡사 개인교습을 받는 수준으로 혹은 동료와 함께 운동을 하는 분위기로 이끌어주기 때문이다. 이렇듯 자신만의 콘텐츠를 영상으로 만들어 타인과 나누는 일은 특별한 기술과 재능을 필요로 하는 게 아닌 그저 우리 주변의 평범한 사람들이 만들어낸 변화이다. 그만큼 집콕, 혼자 놀기에 대한 공유는 일상의 문화가 되었다.

사람들은 자유로운 시간이 주어지면 그 시간을 보내며 하는 활동, 즉 '놀이'를 한다. 놀이는 인간의 본능으로, 유아기에 경험한 놀이가 여러 가지 학습을 가능하게 하며 살면서 필요한 사회성과 관계성을 길러준다는 것은 널리 알려져 있는 사실이다. 여가와 놀이를 연구하는 학자들은 성인의 놀이성 역시 유사한 측면이 있다고 설명한다. 성인의 놀이도 즐거움, 행복, 만족 등을 느끼는 개인적 성향과 타인과의 교류, 교감, 공유 등을 가능하게 하는 사회적 성향을 동시에 갖고 있다. 사람들은 놀이에 내재된 사회적 관계 맺기를 인지하기도 하지만 반대로 다양한 방식으로 행해지는 관계 맺기 자체를 일종의 놀이로 인지하기도 한다.

집에서 하는 놀이와 관련해서 가장 많이 언급되고 있는 '홈활동' '랜선활동' 'OTT 서비스'의 내용을 들여다보면 사람들은 혼자이지만 결코 혼자 놀지 않는 집콕을 보내고 있었다. 비록 온라인을 통해서이지만 유사한 취향과 취미를 가진 다른 사람들과 다양한 방식으로 놀이를 공유함으로써 즐거움과 만족을 높이고 있다. 또한 친구나 지인으로 정의되는 기존 공유집단의 영역을 랜선친구로 넓혀 놀이의 기회를 확장하기도 한다.

코로나19 초기의 '랜선 관계 맺기'는 동영상 상영 및 일방향성 콘텐츠 공유 형태로 나타났으나 사람들의 관계지향적인 시도와 기술적인 발전이 맞물려 더욱 다양한 형태로 콘텐츠가 진화하게 되었다.

비대면 화상회의 프로그램이나 온라인 영상 촬영기법을 활용한 온택트 콘텐츠가 등장하면서 시공간을 초월한 실시간 공유와 쌍방향 소통이 가능해졌고 사람들은 이에 열광했다.

여기서 더 나아가 최근에는 '메타버스Metaverse'까지 등장했다. 메타버스는 가상·초월을 뜻하는 메타Meta와 세계·우주를 뜻하는 유니버스Universe의 합성어로, 3차원 가상공간에서 모든 사회·경제적 현실을 경험할 수 있도록 세계관을 확장한 것이다. 이 개념은 게임에서 시작해 대중화되었지만 최근에는 엔터테인먼트와 에듀테크 기업의 진입도 활발해졌다. 가상화폐를 이용한 경제적 활동이 가능해지면서 의류나 유통업계로의 진출 사례도 증가하고 있다.

특히 소셜미디어와 빅테크 기업의 관심과 시도는 2차원을 넘어선 3차원 가상공간에서의 비대면 관계 맺기를 더욱 흥미롭게 만든다. 가상의 캐릭터인 아바타에 '나'를 이입해 친구와 함께 게임, 공연, 전시 등 각종 문화활동을 동시에 즐기며 대화할 수 있고, 회의나 비즈니스도 충분히 가능하다. 코로나19의 등장은 아이디어와 기술적 진보를 단시간에 이루며 우리의 일상을 바꿔놓았다. 과거와는 다른 형태의 놀이와 관계 맺기가 집에서 혼자 충분히 가능해졌음에도, 더 이상 집에 머물기만 하는 것도, 혼자인 것도 아니게 된 것이다.

계속되는 실내활동은 자칫 사람을 우울하게 만들기 때문에 코로나 블루 극복에 대한 사회적 관심이 깊다. 정부와 지자체, 유관기관에서는 코로나 블루 극복에 필요한 지원 방안을 고민하며, 이에 대한 각종 공공정책을 내놓고 있다. 많은 지자체가 집콕에 대한 정보를 공유하는 온라인 커뮤니티나 다양한 콘텐츠를 제공하는 플랫폼을 직접 운영하고 있다. 또한 최근에는 온택트 기술을 활용해 축제를 마음껏 즐길 수 없는 사람들에게 신선하고 유쾌한 위로를 선사하기도 한다. 이와 같은 노력들이 집콕, 혼자 놀기 트렌드와 맞물려 건강한 결실로 마무리되기를 기대해본다.

2장

알아두면 쓸모 있는 술에 대한 잡지식

이정재, 배경진, 서상문

대부분의 사람들은 술과 술문화에 직간접적으로 영향을 받는다. 성인이 되고서부터 술을 자유롭게 마실 수 있고, 대학생들은 신입생 환영회에서 선배들과 함께 주량 측정을 핑계 삼아 술독에 빠질 만큼 마셔 보기도 한다. 그 외에도 MT, 동아리 회식 등 많은 술자리에서 친구들과 주량을 다투며 흑역사를 만들기도 한다. 대학생 때에 비해 점잖아졌을지 모르지만 사회에 나가도 술자리는 여전히 계속된다. 동창들과 한잔, 회사 동료들과 한잔, 회식자리에서 한잔, 거래처 사람들과 한잔 등 원치 않는 술자리의 빈도가 높아지기도 하며, 반대로 자기만의 시간이 필요한 사람들은 혼자 마시기도 한다.

아쉽게도 한국에서 '술을 잘 마신다'라는 말은 '술을 많이 마실 수 있다'라는 의미로 통하는 만큼, 잘 마셔야 이득이라는 인식이 있고, 이는 사회생활에서 술을 거절하기 힘든 문화가 바탕으로 깔려버린 탓이기도 하다. 상대적으로 주량이 약하거나 술을 싫어하는 사람들은 술에 대해 스트레스를 받기도 하고 술자리를 기피하기도 한다. 하지만 자신의 기호에 따라 주량만큼 마신다면 술은 누구나 충분히 즐길 수 있는 콘텐츠이다. 소주는 못 마셔도 치즈와 함께 와인 한잔은 즐길 수 있다. 대중적인 맥주인 라거를 즐기거나 나만의 크래프트 에일 맥주를 찾아보는 재미에 빠질 수도 있다.

주류시장은 계속 변화한다

주류시장은 세대에 따라 변해왔고 현재도 빠르게 변하고 있다. 2000년대에는 주로 주점이나 포장마차 같은 술집에서 소주를 마셨다면 2010년대로 넘어오면서 가볍게 맥주 한잔하는 맥주집이 인기를 끌었다. 2016년 이후에는 편의점에서 본격적으로 수입맥주를 판매하기 시작하면서 수입맥주에 대한 인식과 소비시장이 달라졌다. 2019년 여름에는 'NoNo Japan' 사건으로 인해 일본맥주 시장이 침체기에 접어들며 다시금 국산맥주 시장이 떠올랐다. 그리고 2020년, 코로나19로 인해 주류시장은 또 다른 변화를 겪는다. 이처럼 주류시장은 유행을 타기도, 사회적 배경으로 인해 타격을 받기도 한다.

이 장에서는 그동안 주류산업에서 분석 업무를 수행하면서 알게 된 다양한 주류문화와 시장에 대한 내용을 전달하며 2020년 전후에 일어난 변화들을 시장점유율과 판매 데이터 분석을 통해 시각화해보고자 한다.

내가 좋아하는 술은?

모임이나 회식 등 다수의 사람들이 모여 술을 마실 때, 개인의 취향에 따라 주류를 선택하기란 쉽지 않다. 대부분의 외식시장에서 판매하는 술의 종류는 소주, 맥주, 막걸리 정도이며 브랜드 또한 별도의 맥주 전문점, 칵테일바, 와인바와 같이 특수한 업종이 아닌 이상 매우 한정적인 경우가 많다. 따라서 소주나 맥주 브랜드들의 각 시장점유율은 소비자 개인의 선호도보다 기업의 영업력에 더 의존성이 강한 경향이 있다. 특히 각 지방에서 생산되고 유통되는 지역소주의 영향력은 무시할 수 없는 수준이다.

수도권에서 2개의 소주 브랜드가 전체 시장점유율의 90% 이상을 차지하는 것과 달리, 각 지방에서는 지역소주까지 가세해 치열한 경쟁을 벌이고 있다. 예를 들어, 부산에서는 '참이슬' '처음처럼' 같은 대중적인 소주보다는 '대선' '좋은데이'가 시장을 장악하고, 제주도에서는 '한라산'이, 대전에서는 '이제우린'이 높은 점유율을 차지하는 것을 보면 지역적 특성과 그 지역만의 감성을 느끼고 싶어 하는 소비자가 많은 것을 알 수 있다.

2019년 하반기부터 시장에서 큰 두각을 나타내는 뉴트로와 저도소주를 결합한 '진로이즈백'의 성과도 눈여겨볼 만하다. 특히 외식시장에서는 개개인의 취향보다 다수의 의견에 따라 움직이는 경향이 있어서 실제 제품의 인지도보다 더욱 쏠림 현상이 나타나기도 한다. 예를 들어, 5명의 친구들 혹은 동료들이 모여 술자리를 갖게 되었다고 가정해보자. 이때 2명은 처음처럼, 1명은 참이슬, 1명은 진로이즈백을 선호하고 나머지 1명은 특별히 선호하는 소주가 없을 경우, 이 테이블에서 목격될 소주 점유율은 2.33:1.33:1.33(선호하는 소주가 없는 사람은 나머지를 골고루 마신다는 가정)으로 나뉘지 않는다. 일반적인 경우, 처음처럼이라는 다수의 선호도에 따라 100% 처음처럼이 테이블을 지배하게 된다.

그렇다고 해서 소주는 참이슬, 처음처럼, 맥주는 카스, 하이트만 마시는 시대는 지났다. 비단 다수결이 아니더라도 테이블 위의 시장은 계속해서 변하고 있다.

다음은 나이스지니데이타가 보유한 전국의 약 10만 개의 POS 가맹점과 약 70만 개의 외식산업에 참여중인 카드 가맹점들의 거래 데이터 중 소주와 맥주 판매량과 매출 정보를 활용해 분석을 진행한 결과이다.

전국에서 지역소주들이 차지하는 비중은 10% 내외이다. 나머지는 하이트진로의 참이슬, 진로이즈백과 롯데칠성음료의 처음처럼이 주도하고 있다. 2019년 3분기부터 하이트진로의 제품이 시장에서 영향력을 키워 전체 소주시장의 약 70%를 차지하게 되었다. 여기에는 뉴트

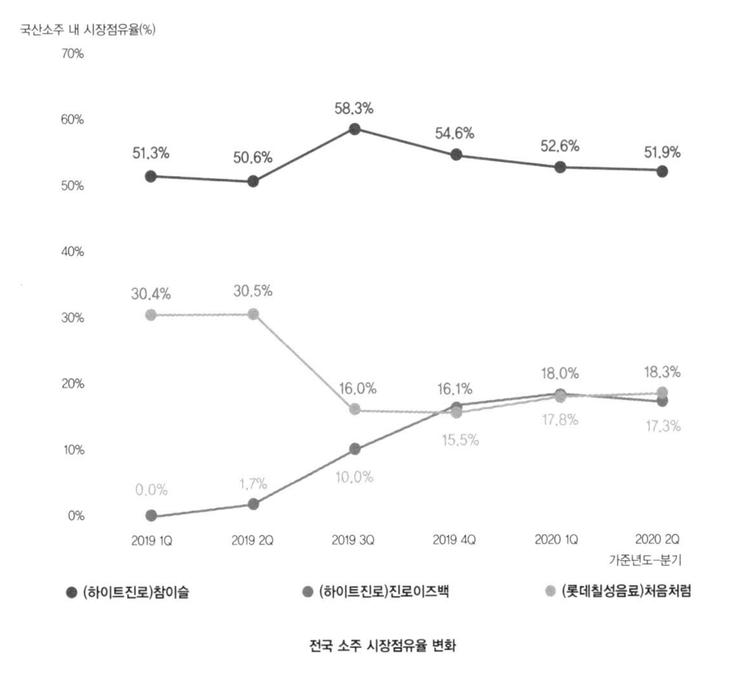

전국 소주 시장점유율 변화

로 감성으로 젊은 세대에게 어필한 진로이즈백이 발군의 성적을 보여준 것이 크게 작용했다.

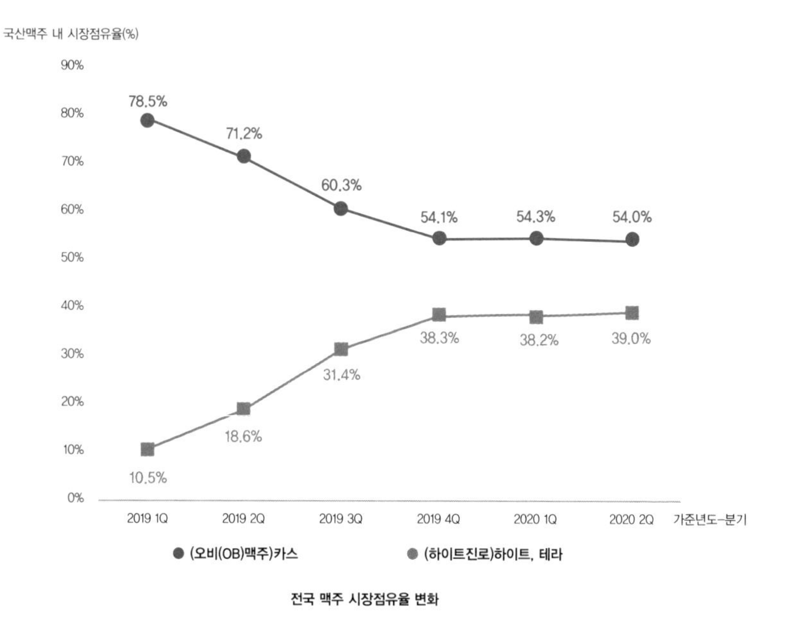

전국 맥주 시장점유율 변화

국산맥주 시장의 절대 강자였던 오비맥주는 2019년 상반기까지만 해도 전국 맥주 시장점유율의 약 80%를 차지하면서 시장을 독식하는 듯했지만 하이트진로에서 새롭게 출시한 '테라'가 영향력을 키우면서 시장에서 많은 부분을 양보하게 되었다.

브랜드 이미지는 곧 소비자를 끌어들이는 힘

일반적으로 상업광고는 시장에 매우 큰 효과를 가져온다. 그래서 소위 잘나가는 제품은 유명 연예인이나 운동선수 등 스타마케팅을 통해 자신들의 제품 이미지 제고에 힘쓴다. 고객은 제품 자체보다 그 이미지를 소비하는 경우가 많다.

처음처럼을 예로 들어보자. 2013년에는 귀엽고 풋풋한 이미지의 아이돌을 광고모델로 발탁해 젊은층의 큰 호응을 얻었고 1년 만에 판매량이 4배 상승하는 효과를 거두었다. 2016년 광고모델로 활동한 수지는 청순하고 섹시한 이미지를 강조하며 대학생 편, 직장인 편 등 여러 가지 콘셉트의 광고로 소비자의 공감과 호응을 얻어냈다. 시대의 흐름에 따라 다양한 고객층을 확보하기 위한 기업의 노력이라 볼 수 있다.

하이트진로가 2019년 새로 출시한 맥주 브랜드 테라는 배우 공유를 광고모델로 발탁해 광고 효과를 톡톡히 보았다. 초기에는 일반적인 맥주와 맛과 향을 달리해 판매가 부진할 것이라는 시장의 예상을 뒤엎고 '공유 맥주'라고도 불린 테라는 출시 100일 만에 1억 병 판매라는 기록을 세웠고 하이트진로의 주력 맥주였던 '하이트'보다도 훨씬 큰 영향력을 발휘하게 되었다.

오비맥주 역시 우리와 친숙한 기업인인 백종원과 함께한 '카스' 광고를 통해 '친근하고 믿고 마실 수 있는 맥주'라는 이미지를 쌓아가고 있다.

부산의 대표적인 지역소주 중 하나인 좋은데이는 '지역 경제 살리기에 앞장서겠다'라는 슬로건으로 지역 주민들의 '착한' 소비를 자극시키기도 했다.

이처럼 고객들은 본인의 개인적인 맛에 대한 선호도보다 광고 효과나 브랜드 이미지에 따라 제품을 선택하기도 한다. 기업이 행한 옳고 그른 행동, 사회적 분위기 등에 따라 소비자는 등을 돌리기도, 스스로 찾아오기도 한다.

수입맥주, 정말 좋아해서 사 먹는 걸까?

2020년 전후 국내 맥주시장의 큰 변화를 꼽아본다면 수입맥주 시장의 성장을 빼놓을 수 없다. 특히 가정용 맥주시장에서는 편의점의 '4캔 만원' 행사가 보편화되기 시작하면서 더 이상 상대적으로 용량 대비 가격이 비싼 국산맥주를 마실 이유가 사라진 것이다. 몇 개의 브랜드로만 시작했던 4캔 만원 프로모션은 점차 수입맥주 전반을 대상으로 확대되었고 '편의점에서 맥주 산다 = 수입맥주 4캔 산다'라는 암묵적인 룰(?)이 생겨났다. 이렇듯 소비자들이 4캔 만원 행사에 적극적으로 참여하면서 국내의 수입맥주 시장은 크게 성장했고 가정용 맥주시장에서도 큰 비중을 차지하게 되었다.

4캔 만원 시장에서 소비자들은 본인이 선호하는 제품을 선택하기도 하지만 장바구니에 한 가지 제품을 담기보다 이 맥주 저 맥주 다 마셔보고 싶은 심리에 따라 맥주를 선택하기도 했다. 즉, 맥주의 대항해시대가 열리면서 소비자들의 맥주탐험이 시작된 것이다. 처음에는 본인이 좋아하거나 유명한 브랜드의 맥주를 위주로 선택했다면, 점차 선택지가 많아지면서 시도해보지 않은 브랜드나 맥주 종류(에일, 흑맥주 등)를 구매하기도 하고 유행하는 수입맥주를 따라 마시기도 하며 소비자로서의 만족감을 높일 수 있게 되었다.

초기 4캔 만원 행사에서는 본인이 좋아하는 제품을 저렴하게 살 수 있다는 생각이 강했고 참여하는 브랜드들도 한정적이어서 1-2가지의 제품들로 구성하는 경우가 많았지만 참여 브랜드들이 점진적으로 확대되면서 이제는 참여하지 않는 브랜드가 없는 수준이 되었다. 이렇듯 소비자들의 맥주탐험은 4캔 만원이 도입된 이후 2019년 상반기까지 활발하게 진행되고 있었으나 이때 NoNo Japan이라는 사건에 의해 큰 변화를 겪게 된다. 이 사건으로 수입맥주 시장의 큰 축을 차지하고 있던 일본맥주가 소비자들의 외면을 받으면서 맥주탐험도 시들해지는 듯한 양상을 보였다.

다음은 나이스지니데이타가 보유한 약 1만 개의 편의점의 거래 데이터 중 맥주 판매량과 매출 정보를 활용해 분석을 진행한 결과이다.

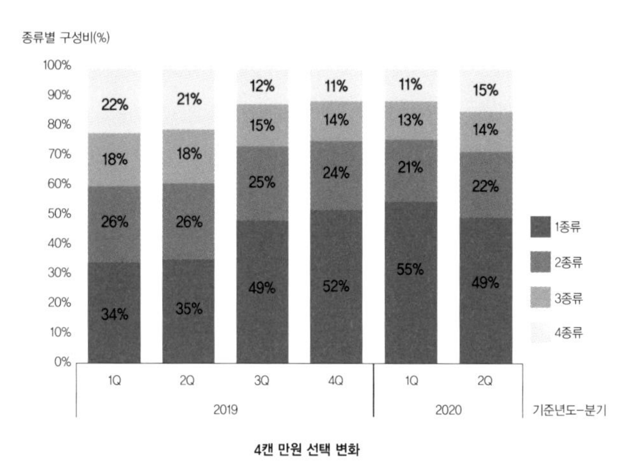

4캔 만원 선택 변화

2019년 상반기에는 2종류 이상의 맥주를 구매하는 소비자가 65% 이상이였다면 3분기를 시작으로 그 비율이 50%대로 줄어들기 시작한 것이다. 동시에 4가지 모두 다른 종류의 제품을 선택하며 맥주탐험을 왕성하게 즐기는 비중도 20%대에서 10% 초반대로 급속히 낮아졌다. 하지만 국산맥주들이 주류세 변화라는 기회를 살려 4캔 만원에 합류하면서 또 다른 양상의 맥주시장이 형성되었다.

2019년 2분기까지만 하더라도 편의점에서 판매되던 가정용 맥주의 55%가 수입맥주였다면 2020년 2분기에는 국산맥주가 전체의 59%

를 차지하면서 시장을 다시 탈환해온 것이다. 동시에 4캔 만원 행사에서 1가지 제품을 선택하는 비율은 50% 미만으로 낮아졌다.

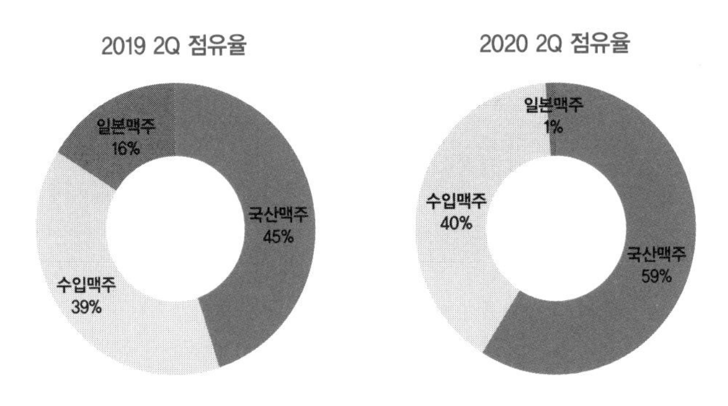

국산맥주 vs 일본맥주 vs 수입맥주 시장점유율 변화

NoNo Japan 감성대잔치

'NoNo Japan'은 단순히 개인적인 행동에 그치지 않고 군중심리를 유발한 하나의 문화적 대형 사건이었다. 너도 나도 개인의 SNS에 일본 제품을 사용하지 않겠다는 이미지를 올렸고 일본 제품을 사용하거나 여행을 가는 것에 국민적 비난이 쏟아졌다. 사람들은 자의적으로 때로는 타의적으로 일본과 관련된 의류, 생필품, 문화생활 등 모든 것으로부터 멀어지기 시작했다.

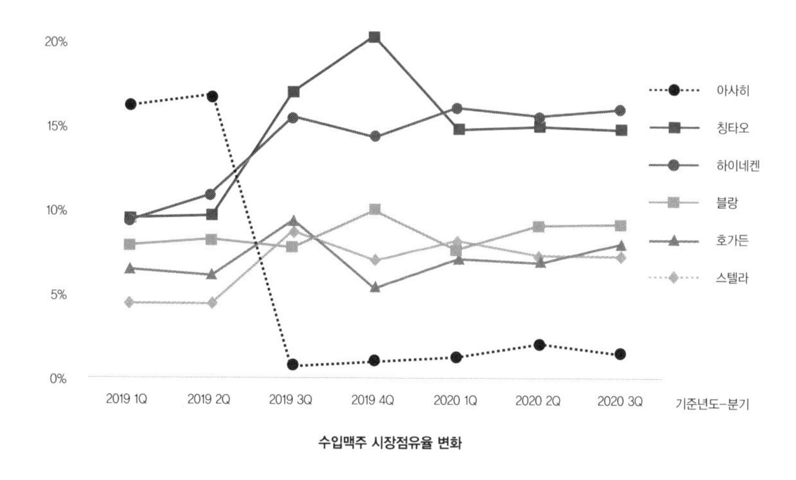

수입맥주 시장점유율 변화

이는 주류문화에도 큰 변화를 가져왔다. 가정에서 소비되던 수입맥주에서 오랫동안 시장점유율 1위를 차지하던 일본맥주인 '아사히'의 판매량은 전년도 대비 90% 이상 하락했다.

반면 이에 힘입어 수입맥주 내 시장점유율 2, 3위를 다투던 '칭타오' '하이네켄'의 점유율은 반등했다. 아사히의 몰락으로 하이네켄 코리아의 하이네켄과 비어케이의 칭타오는 가정용 맥주시장에서 순식간에 1, 2위 자리를 안정적으로 차지하게 되었으며 '양꼬치엔 칭타오'라는 유행어까지 만들며 선전하였다.

그전까지 일본맥주는 맥주탐험에 참여하던 소비자들이 꼭 챙기던 맥주 중 하나였는데 사회적 이슈 하나로 완전히 바다 아래로 침몰해

버린 것이다. '우리 편의점은 일본 제품을 판매하지 않습니다'라는 푯말을 문 앞에 써 붙이며 애국심을 과시하듯 아예 아사히를 취급하지 않는 편의점도 많아졌다.

NoNo Japan으로 인해 타격을 입은 건 수입맥주만이 아니었다. 일본계 기업이라는 잘못된 이미지 때문에 롯데칠성음료의 소주 브랜드인 처음처럼 또한 판매 부진을 겪어야 했다. 실제로 수도권에서 참이슬과 어깨를 나란히 하던 처음처럼의 시장점유율은 이 사건으로 인해 큰 피해를 입었다. 소상공인들도 일본음식을 판매한다는 이유만으로 일식집이나 이자카야 등의 업종은 주류매출뿐만 아니라 총매출에서도 피해를 보며 영업 부진을 호소하기도 했다. 반면 하이트진로는 테라의 성공적인 출시와 진로이즈백이 가진 뉴트로 감성의 효과에 더해 NoNo Japan의 반사이익까지 받아 시장에서 영향력을 마음껏 키워나갔다. 턱밑까지 추격당하던 소주 시장점유율 1위 자리에서 여유를 되찾으면서 그동안 부진했던 매출을 회복할 수 있었다.

코로나, 얼마나 바꿔놓았을까?

사회적 거리두기로 인해 사람들이 개인적인 모임이나 외출을 삼가면서 주로 밖에서 술을 마시던 사람들도 이제는 집에서 조용히 술을 즐기거나 가까운 지인들과 함께 안전한 주류소비를 하게 되었다. 일부 20-30대 사이에서는 각자의 집에서 SNS를 통해 술잔을 기울이며 '언택트' 모임을 갖는 등 소비문화에 변화가 나타났다.

이는 시장에도 엄청난 변화와 충격을 가져왔다. 실제로 데이터를 분석한 결과, 코로나19로 인해 외식산업은 매우 어려운 상황을 맞이했다. 2020년 3월 13일에 올라온 연합뉴스 기사에 따르면 한국외식산업연구원이 진행한 '제5차 외식업계 실태조사'에서 외식업체의 누적 고객 감소율은 65.8%에 달했다. 지역별로는 2020년 초(2-3월)에 확진자수가 가장 많이 나온 대구를 비롯한 경북지역을 중심으로 외식산업이 크게 위축되면서 이에 따라 주류판매도 같이 줄어들었다. 이후 5월부터는 서울의 일부 지역에도 영향을 미치기 시작했고 8월에는 수도권 전역에 영향을 주며 소상공인 경제에 커다란 먹구름을 몰고 왔다.

이렇게 경제적으로 큰 타격을 일으킨 코로나19가 소비시장에 미친 영향을 분석하면서 우려스러우면서도 흥미로운 사실을 목격할 수 있었다. 식당들의 매출에서 주류가 차지하는 비중은 크게 흔들리지 않았다는 것이다. 코로나 이전에 식당에서 하루에 100만 원의 매출을 올릴 때마다 맥주와 소주가 20만 원씩 팔렸다고 한다면 이후에는 70만 원의 매출을 올릴 때마다 맥주와 소주는 14만 원씩 팔리는 식으로 주류소비율 불변의 법칙이 있다는 것이다.

코로나19가 본격적으로 확산되기 시작한 2020년 2월 이후, 외식업 총매출은 전년도 대비 큰 폭으로 하락했고 3월 이후로는 서서히 회복하는 추세이다. 총매출과 주류매출이 같은 추이로 움직이지만 총매출 중 주류매출의 비중에는 큰 변화가 보이지 않는다.

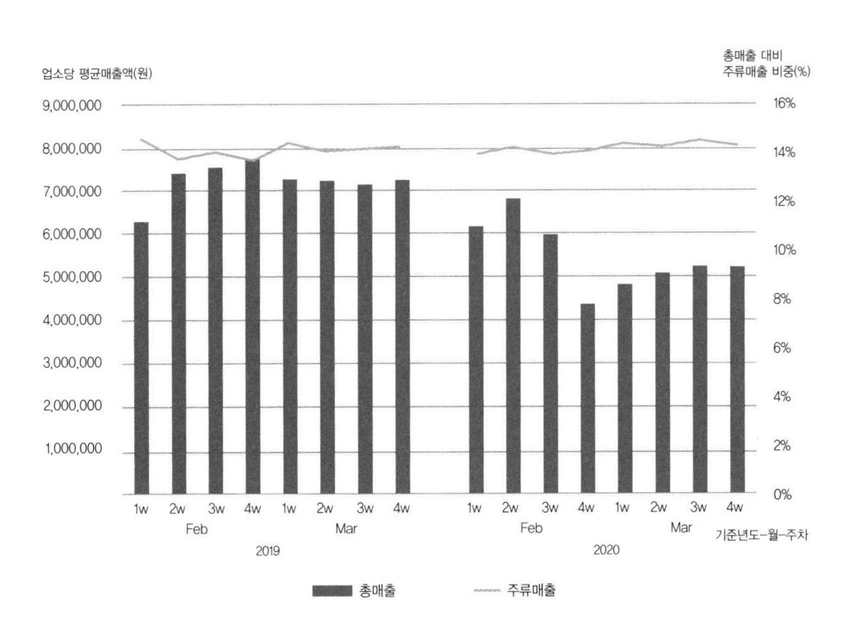

코로나19 전후 외식업 총매출 및 주류매출 변화

이러한 현상은 편의점의 주류매출에서도 비슷한 양상으로 나타났다. 편의점은 가정용 주류소비가 활발히 이루어지는 곳으로 코로나19로 인해 외식의 비중이 줄어들면서 오히려 주류매출이 늘어났다.

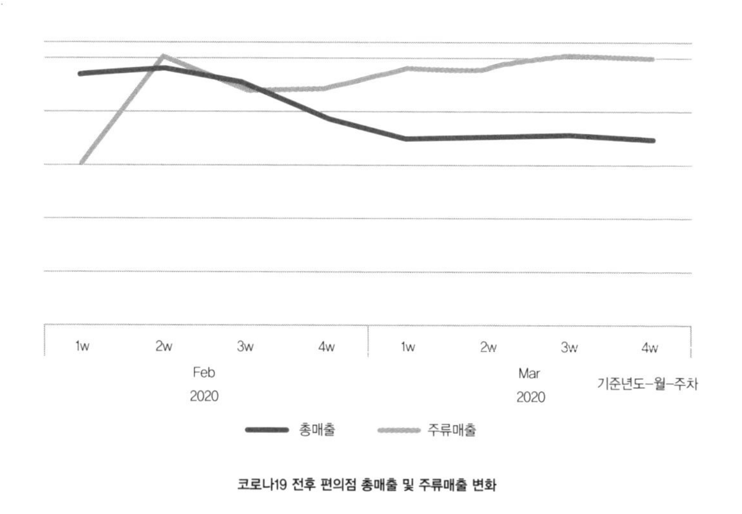

코로나19 전후 편의점 총매출 및 주류매출 변화

마찬가지로 코로나19가 본격적으로 확산되기 시작한 2020년 2월 이후, 편의점 총매출은 큰 폭으로 감소했지만 주류판매율은 소폭 감소했다가 다시 회복하고 있는 추세이다.

코로나19로 인해 일어난 재미있는 해프닝도 있다. 코로나라는 바이러스의 이름 때문에 맥주 브랜드인 '코로나'가 유명해지면서 판매량이 전년도 대비 기하급수적으로 증가하는 기이한 현상이 생긴 것이

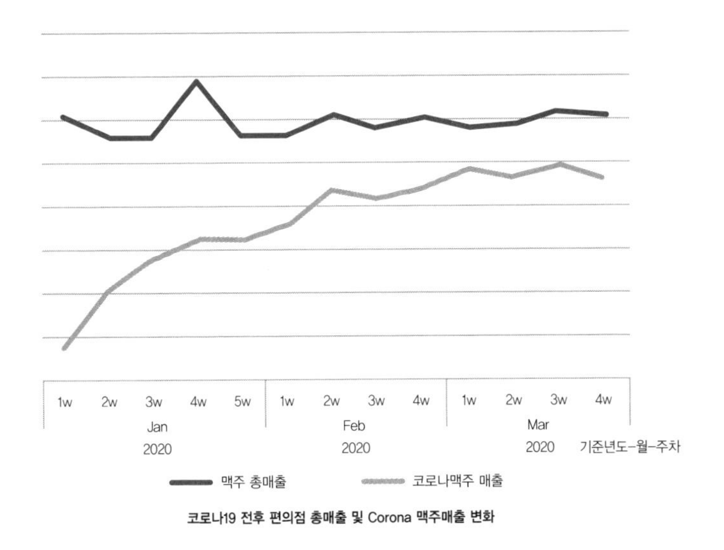

코로나19 전후 편의점 총매출 및 Corona 맥주매출 변화

다. 하지만 코로나를 생산하는 공장도 코로나 때문에 생산이 중단되어 수요를 충족시키지 못했다는 웃지 못할 후문이 있다.

앞으로의 주류시장은 또 어떻게 변할까?

나라마다 다양한 주류문화가 존재하고 그곳의 문화가 시장의 개입과 유행에 따라 지속적으로 변하듯이 한국의 주류소비도 매우 독특하면서 역동적인 모습을 갖고 있다. "어떻게 변했는가?"라는 질문에 답을 명확히 분석해내더라도 이 글을 어느 시점에 읽고 있는지에 따라 오답이거나 시대에 뒤처진 결론이 될 것이다. 어쩌면 더욱 개성이 중요해지는 시대에 주류문화도 그에 따라 변화하기 때문에 일반화하는 것 자체가 불가능할지도 모른다.

앞으로 변해가는 주류소비에 대한 개인의 성향을 가장 잘 나타낼 수 있는 정보는 다름 아닌 편의점 주류판매에 있다고 생각한다. 편의점에서 일어나는 주류소비의 변화를 깊이 이해하는 것이 개인들이 느끼고 만들어가는 주류문화와 트렌드를 파악하기에 가장 중요한 데이터 중 하나일 것이다.

나이스지니데이타의 '나이스마켓인포(www.nicemarketinfo.co.kr)' 'POS 데이터 플랫폼(www.posplatform.co.kr)'에서는 편의점 시장의 전반적인 흐름을 볼 수 있도록 정보를 주기적으로 업데이트해 제공하고 있어 지속적으로 변화하고 있는 트렌드를 이해하는 데 유용한 정보가 될 수 있을 것이다.

3장

그 많던 복고는 다 어디로 갔을까?

정진관, 최준호, 김수현

아침부터 나대리가 '죠크박' 타령이다.

"팀장님! 오늘 편의점에 죠크박이 출시된다는데 꼭 사야 합니다. 저 잠시 편의점에 다녀오겠습니다."

후다닥 나가려는 나대리에게 묻는다.

"근데 죠크박이 뭐야? 먹는 거야?"

주변 팀원들이 갑자기 한마디씩 거든다.

"팀장님! 죠크박 모르세요? 요즘 핫한데……"

"팀장님 세대에서도 많이 드셨을 것 같은데……"

"죠스바 아시죠? 스크류바 모르세요? 수박바는 아실테고……"

"스크류바 모양에 죠스바와 수박바를 섞어 놓은 소위 뉴트로 감성의 신제품입니다."

"뉴트로라……"

이야기를 듣고 나서 조용히 핸드폰에서 '죠크박'과 '뉴트로'를 검색해본다. 40대 이상이라면 누구나 한 번쯤 겪어 본 익숙한 상황일 것이다. 최근 들어 죠크박이 아니더라도, 다양한 채널의 미디어를 통해 레트로, 뉴트로라고 홍보하는 제품이나 광고를 자주 접하게 된다. 흔히 우리가 아는 복고의 느낌인 것 같은데, 과연 무엇일까?

'레트로' '뉴트로' '빈트로' '힙트로' '0트로'?

어려서 봤을 법한 제품들이 마트나 편의점에 눈에 띄는 것을 많이 경험했을 것이다. 주변에 확인해보면 어김없이 과거에 출시되었던 제품이고 레트로, 뉴트로라는 단어와 연관되어 기사나 블로그 등을 통해 회자되고 있다. 최근 2-3년간 포털 사이트들에서도 이러한 신조어가 급격히 많이 생겨났다. 그중에서 '레트로' '뉴트로' '빈트로' '힙트로'는 다음과 같은 의미로 해석할 수 있다.

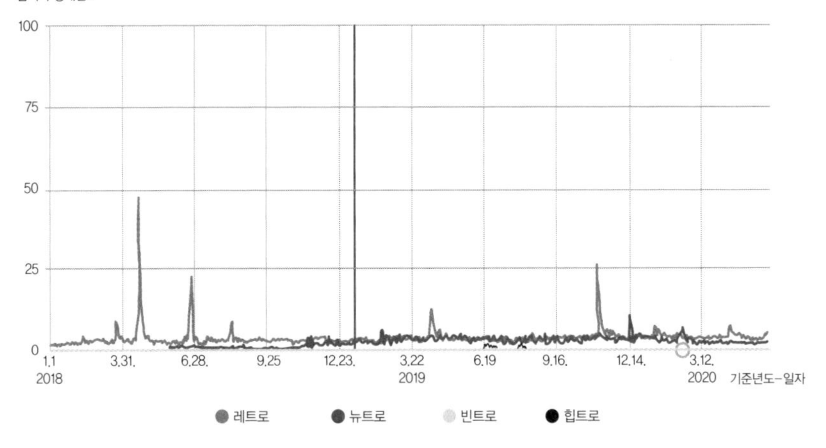

레트로, 뉴트로, 빈트로, 힙트로 트렌드 분석결과

레트로Retro는 추억, 회상을 뜻하는 'Retrospect'의 줄임말로 옛날의 상태로 돌아가거나 과거의 체제, 전통 등을 그리워해 그것을 본뜨려는 경향을 말한다. 패션, 광고, 음악, 디자인 등에 자주 등장하면서 많은 기업들의 관심을 받는 트렌드가 되었으며 뉴트로, 빈트로, 힙트로 등의 새로운 개념을 파생시켰다. 복고는 주로 불경기에 유행한다고들 하는데 그 이유는 뭘까? 자신의 젊은 시절에 대한 특별한 기억을 갖고 있는 사람들에게 과거의 향수를 자극하는 마케팅은 소비에 영향을 주게 된다. 즉, 추억을 곱씹으면서 다가올 소비와 지출에 조금 더 관대해지고 만족감을 얻는 것이다.

레트로는 흔히 도시의 오래된 건물을 재활용한 독특한 형태의 카페나 바에서 볼 수 있다. 버려진 건물이 카페, 갤러리, 수제맥주 전문점으로 변해 약간은 촌스럽지만 꾸밈없는 인테리어로 젊은이들에게 인기를 끌고 있다. 재미있는 것은 인테리어가 촌스러울수록 오히려 새롭고 재밌다고 느낀다는 것이다.

사실 이러한 레트로는 예전부터 방송, 패션 등에서 복고의 형태로 주기적인 시차를 두고 나타나곤 했다. 하지만 기술의 발전으로 유튜브나 인스타그램 등 SNS에서 독특하고 이색적인 옛 것들을 쉽게 찾을 수 있게 되면서 트렌드가 전파되는 속도는 예전과는 다르게 빨라졌다. 더불어 당시의 분위기를 최신 기술과 감각에 접목해 의미나 가치를 창출하는 모습은 새로운 소비 트렌드를 만들어냈다.

레트로에 빈티지Vintage가 더해진 빈트로Vintro는 카페, 빈티지숍, 인테리어, 의류 등에서 많이 볼 수 있다. '당' '상회' 등의 간판을 내건 카페들이 오래된 가구나 소품 등으로 1900년대 초반의 분위기를 연출해 입소문을 타거나 옛 브랜드의 로고나 상표가 인쇄된 맥주, 우유컵 등이 인기를 끌며 기업들이 추억의 소품을 제작하는 모습을 보이기도 했다.

뉴트로Newtro가 복고를 새롭게 해석한다면 힙트로Hiptro는 촌스러움이 가장 '힙(개성이 강하고 멋진)'한 것으로 여겨지는 현상을 말한다. 이러한 힙트로는 패션 아이템에서 주로 나타나고 있으며, 과거의 유행을 힙한 스타일로 재탄생시킨다.

오리지널 제품의 클래식한 디자인이나 오랫동안 사랑받아온 스테디셀러를 새롭게 재해석한 제품이 힙트로한 제품이다. 복고 패션을 대표하는 빅로고는 화려하면서도 전체적인 스타일에 자연스럽게 녹아드는 세련된 패턴으로 변화했다.

이렇듯 신조어의 뜻을 살펴보니 레트로가 밀레니엄 세대 사이에서 유행하는 트렌드라는 주장이 그럴듯해 보인다. 하지만 복고復古는 항상 존재했고 온고지신溫故知新처럼 과거를 빌어 새로운 아이디어와 제품을 제공하는 것은 기업들의 일반적인 마케팅 흐름 중 하나이다. 그렇다면 뉴트로는 뭐가 다른 것일까?

레트로가 과거의 재현이라면, 뉴트로는 과거의 새로운 해석이다

인간은 추억을 먹고 사는 존재이니 기업들이 소비자에게 과거의 향수에 기댄 마케팅 전략을 가져가는 것은 어쩌면 당연하다. 하지만 밀레니엄 세대들이 즐기는 뉴트로는 과거를 파는 것이 아니라 과거를 빌려 현재를 파는 것으로 본질은 유지하되 재해석을 통해 현대화시키는 전략이 필요하다. 즉, 단순한 재현이 아니라 새로운 기술을 포함한 새로운 의미부여가 중요한 것이다.

밀레니엄 세대들이 경험하지 못한 70-80년대 제품을 현대의 감성에 맞추어 새롭게 만들어내는 것은 단순히 과거에 사라진 제품을 다시 재출시하는 개념과는 다르다. 재출시를 넘어 새로운 맛, 새로운 포장, 새로운 형태로 소비자들에게 다가가 옛 세대의 것이지만 사고 싶다는 생각이 들게 만들어야 한다.

트렌드를 알고 싶으면 편의점으로 가자!

이러한 트렌드를 쉽게 접할 수 있는 곳이 있다. 바로 집, 회사, 학교 주변에서 흔히 볼 수 있는 편의점이다. 요즘 학생들은 학교를 마치고 학원으로 이동하기 전, 잠시 편의점에 들러 간식을 먹는 게 필수 코스이다. 직장인들에게도 커피나 음료수 한잔과 함께 담소를 나눌 수 있는 휴식의 공간이다.

물론 코로나19의 영향이 있기는 하지만 사람이 많은 대형마트 등에 비해 오히려 주택가 주변 편의점은 매출이 늘어난 곳도 있다. 그만큼 편의점은 현대인의 소비생활에 밀접한 장소이다. 그래서인지 소비재 제조업체들은 편의점 매출 추이에 촉각을 곤두세우고, 마케팅 효과나 신제품의 고객 반응을 살펴보는 테스트베드로 편의점을 활용하기도 한다. 그래서 넓지 않은 편의점의 제품 진열대에는 늘 신제품과 스테디셀러가 공존하고 있다.

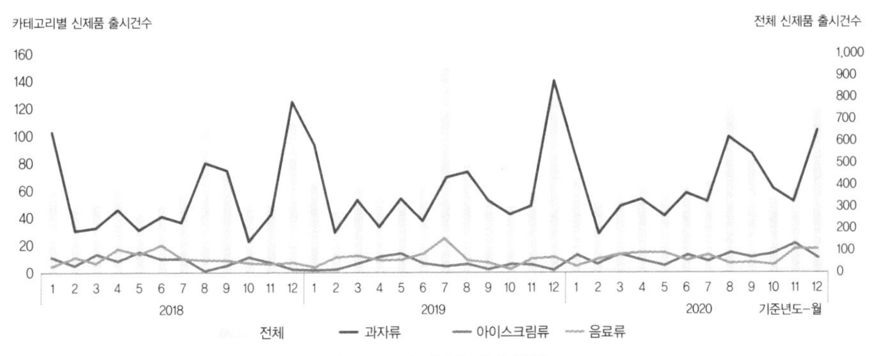

편의점 주요 카테고리별 신제품 출시 현황

2020년 10월 9일에 올라온 연합뉴스 기사에 따르면 작년을 기준으로 편의점 CU와 GS25는 각각 월평균 약 300개, 세븐일레븐은 약 250개의 신제품을 출시했다. CU의 신제품 증가율을 전년도와 비교해보면 2018년에는 7.1%, 2019년에는 13.3%였다가 2020년에는 15.7%까지 높아지면서 갈수록 경쟁이 치열해지는 결과를 보였다.

많은 제품들이 새롭게 출시되며 고객의 향수를 자극하는 광고나 레트로, 뉴트로를 표방하는 기사들로 간접 홍보를 하고 있다. 이러한 광고나 기사에 관심을 갖고 제품을 구매하는 고객도 존재할 것이다.

편의점에서 최근 몇 년간 신제품으로 출시되어 레트로, 뉴트로 트렌드로 언급된 몇몇 제품의 초기 매출을 살펴보면 주 단위 매출이 SNS나 미디어 상의 제품 노출과 맞물려 크게 증가하는 것을 알 수 있다.

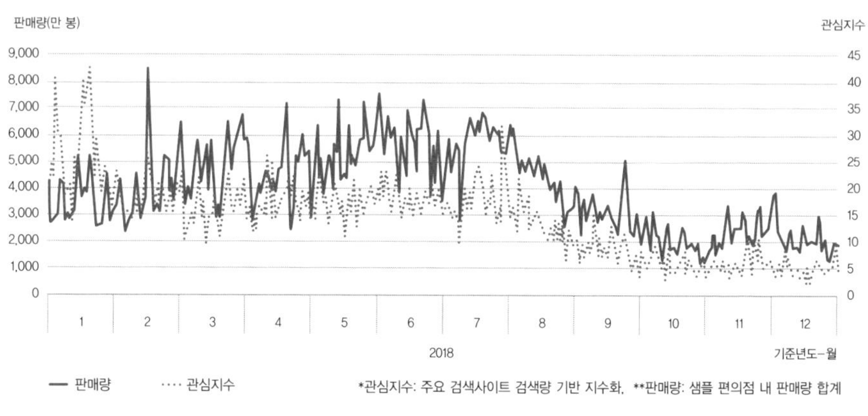

신제품 매출 및 관심지수 (돼지콘)

하지만 과연 트렌드에 편승한 기획이 소비자의 지갑을 지속적으로 열 수 있을까? 그렇지 않다. 유명 인플루언서를 통해 회자되고 반짝 매출로 시장에서 관심을 끈 제품도 있지만 대다수의 신제품은 무관심 속에서 사라지는 것이 현실이다.

편의점에 들러 제품 진열대를 한번 둘러보자. 70-80년대 생에게는 익숙하면서도 뭔가 좀 다른 느낌의 과자, 라면, 아이스크림, 음료 등의 제품들이 보일 것이다. 물론 밀레니얼 세대에게는 다소 옛스러운 느낌의 신제품으로 보이는 것들이다. 몇 주 뒤에 다시 한번 들러 제품 진열대를 둘러보자. 지난번에 보았던 신제품 중 얼마나 남아있을까? 그리고 또 다른 신제품은 얼마나 생겼을까? 편의점에는 많은 제품들이 새롭게 선보이고 또 사라지고 있다.

매출 지속성으로 바라본 'O트로' 제품의 특성은?

신제품의 매출 지속성을 살펴보고자, 우선 최근 수년 내에 출시된 편의점 신제품을 몇 가지 특징으로 분류했다. 레트로, 뉴트로를 외치는 몇몇 신제품을 우선으로 선정해 소비자의 선택 기준이 되는 새로운 경험 요소를 중심으로 분석해보니 다음과 같이 나누어진다.

분류된 신제품의 매출 지속성을 쉽게 보여주기 위한 방법으로 빈티지 분석을 수행했다. 빈티지 분석은 제품의 출시 시점을 기준으로 매출을 월별 누적해 보여주는 분석방법으로 이를 통해 제품별, 출시 시점별로 출시 이후 지속적인 매출 증가, 감소 등의 변화를 살펴볼 수 있다.

구분	제품 카테고리	제품 구분	제품명	최초매출 발생일자	비고 (12개월 기준)
옛날맛	음료	블랙보리	하이트)블랙보리 520ml	20171213	스타
			하이트)블랙보리 라이트 520ml	20190626	스타
형태	음료	인디안밥	푸르밀)인디안밥 우유 300ml	20190603	안착
		누가바	PB)누가바초코라떼 240ml	20180222	졌잘싸 (졌지만 잘 싸웠다)
		바밤바	PB)바밤바라떼 240ml	20180220	졌잘싸
	아이스크림	누가바	해태)누드누가바 80ml	20180620	망 (망했다)
		바밤바	해태)바밤바샌드 180ml	20181010	여름+행사
		탱크보이	해태)탱크보이바 80ml	20180620	단종
		돼지콘	롯데푸드)돼지콘 160ml	20170823	안착
		구구바	롯데푸드)구구바 85ml	20180725	단종
포장	스낵	뽀빠이	삼양)별뽀빠이 72g	20190216	안착
출시	음료	매일우유	제이앤)매일우유맛 원 컵	20171227	안착
재출시	스낵	태양의 맛 썬!	오리온)태양의 맛 썬! 핫스파이시맛 80g	20180418	안착
			오리온)태양의 맛 썬! 핫스파이시맛 135g	20180529	안착
	면	해피면	농심)해피면 매운맛 5입	20190313	단종
			농심)해피면 매운맛 봉지	20190313	단종
			농심)해피면 순한맛 5입	20190313	단종
			농심)해피면 순한맛 봉지	20190313	단종

편의점 주요 신제품 분류

분석주제: 신제품의 매출 지속성
분석방법: 빈티지 분석
분석기간: 2018-2020년 사이에 편의점에서 출시된 레트로 제품
분석결과: 3가지 형태(TYPE)의 빈티지 그래프로 신제품이 분류됨

TYPE1

TYPE1은 아이스크림의 형태를 바꾸어 새롭게 출시된 누드누가바, 바밤바샌드, 구구바 등의 신제품이나 해피면과 같이 단종 되었으나 레트로 트렌드에 올라타 재출시된 제품 등이 해당된다. 안타깝게도 짧게는 1-2개월, 길게는 6개월 정도 판매가 지속되지만 점차 매출이 감소하면서 제품은 매장 진열대에서 사라진다. 누적된 판매량을 보여주기 때문에 그래프가 더 이상 상승하지 않고 유지되는 모습을 보인다.

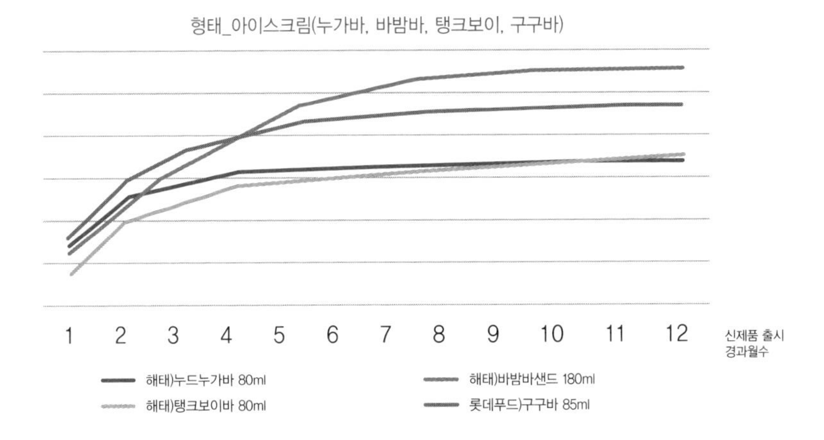

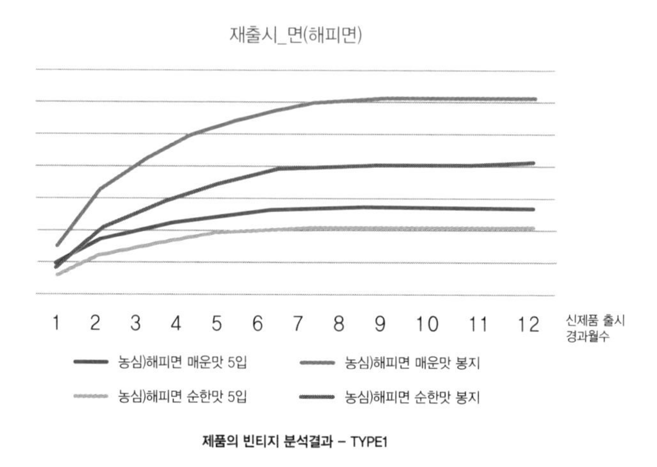

제품의 빈티지 분석결과 – TYPE1

원인은 여러 가지가 있다. 첫번째는 서두에서 언급했던 죠크박처럼 만우절 한정판으로 나와 제한적인 기간 동안에만 판매되는 경우다. 비슷하게는 여름 시즌에 아이스크림이나 탄산음료 같은 제품을 출시하는 경우가 이에 해당되는데 시즌이 지나면서 제품을 생산하지 않거나 자연스럽게 판매가 감소하는 모습을 보인다.

두번째는 광고나 홍보에 의해 제품을 구매했던 소비자의 재구매를 이끌어내지 못하고 결국 제품이 시장에서 사라지는 경우이다. 보통 레트로, 뉴트로 트렌드에 편승해 과거의 제품을 그대로 재출시하거나 새로운 형태나 맛을 적용한 제품이 젊은 감성의 소비자에게 매력적으로 다가가지 못해 시장에서 외면받는 사례이다.

TYPE2

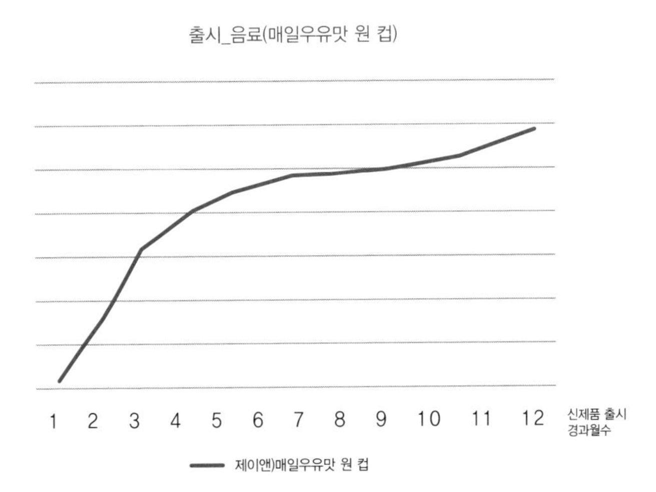

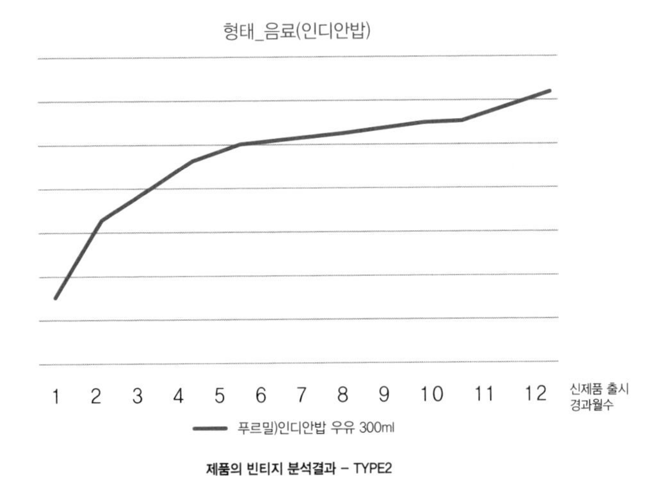

제품의 빈티지 분석결과 - TYPE2

TYPE2는 신제품 출시 초기에 고객 반응을 보고 제품 공급과 반짝 홍보를 통해 초기 매출이 만들어지면 미디어 노출이나 인플루언서 활동 등의 마케팅 효과로 추가적인 매출 반등이 일어나는 경우이다.

TYPE3

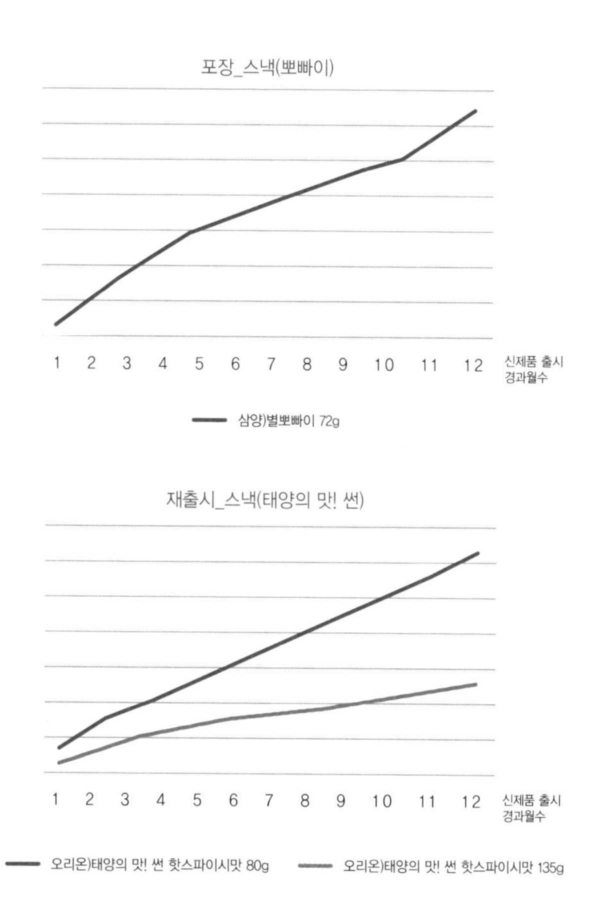

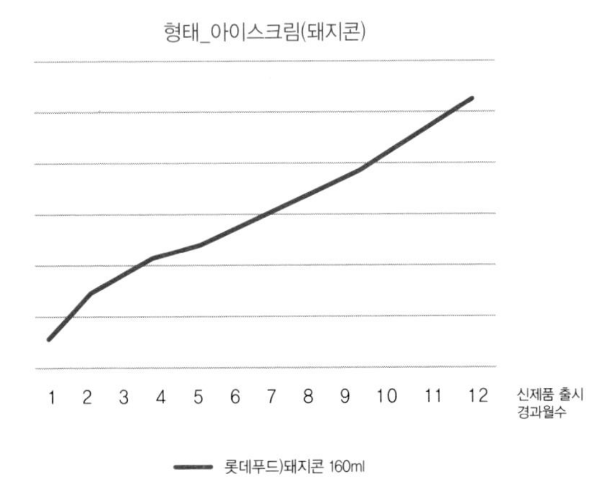
형태_아이스크림(돼지콘)
1
2
3
4
5
6
7
8
9
10
11
12
신제품 출시 경과월수
롯데푸드)돼지콘 160ml

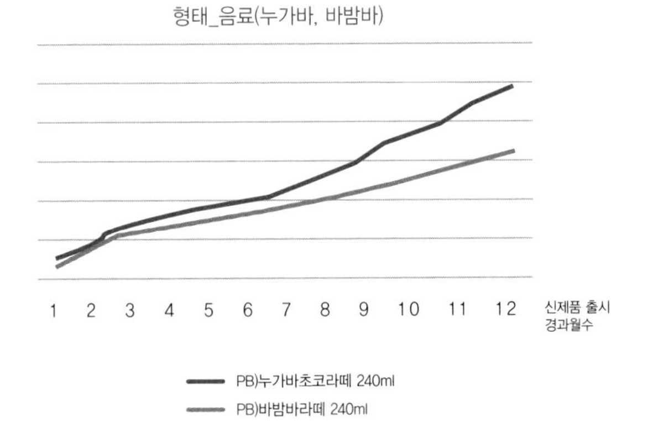
형태_음료(누가바, 바밤바)
1
2
3
4
5
6
7
8
9
10
11
12
신제품 출시 경과월수
PB)누가바초코라떼 240ml
PB)바밤바라떼 240ml

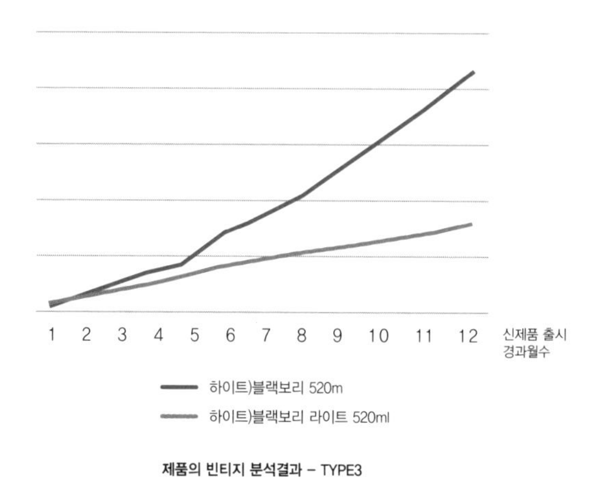

제품의 빈티지 분석결과 – TYPE3

TYPE3은 제품이 뉴트로의 이미지를 가지고 고객에게 새로운 경험을 제공해 시장에도 지속적으로 매출을 가져오면서 결국 스테디셀러가 되는 경우이다. 단순 재출시로 화제를 모은 '태양의 맛! 썬', 바 형태의 아이스크림을 콘 형태로 변화시킨 '돼지콘', 옛날의 맛을 재현한 '블랙보리' 등이 대표적이다.

성공한 제품들은 공통적으로 고객이 만족할 만한 새로운 경험을 제공하고 있다. 돼지콘의 경우는 바 형태인 돼지바를 먹을 때 불편했던 요소를 콘 형태로 변형시켜 맛은 유지하되 편리성을 추가한 경우이다. 이렇듯 뉴트로는 기존의 맛이나 포장지 등 고유의 특성을 유지하면서 고객이 느낄 수 있는 새로운 요소를 찾아 제품에 반영하는 것이 중요하다. 밀레니엄 세대가 레트로 트렌드를 따라간다고 해서 맹목적으로 모든 과거의 것을 원하는 건 아니다. 그보다는 현실에 꼭 필요한 과거의 어떤 모습을 끌어당기고 싶어 한다는 점을 기억하자. 밀레니엄 세대를 공략하기 위해서는 이들의 결핍을 제대로 분석해야 한다.

그렇다고 해서 이러한 뉴트로가 단순히 밀레니엄 세대만을 타깃으로 하는 것은 아니다. TYPE3에 해당하는 제품들을 바탕으로 제품의 매출 지속성을 연령대별로 분석해보면 제품들이 타겟팅한 고객층을 더 상세하게 알 수 있다.

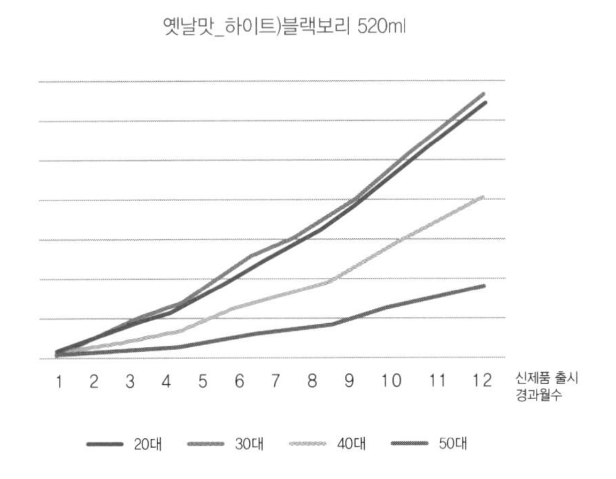

포장_삼양)별뽀빠이 72g

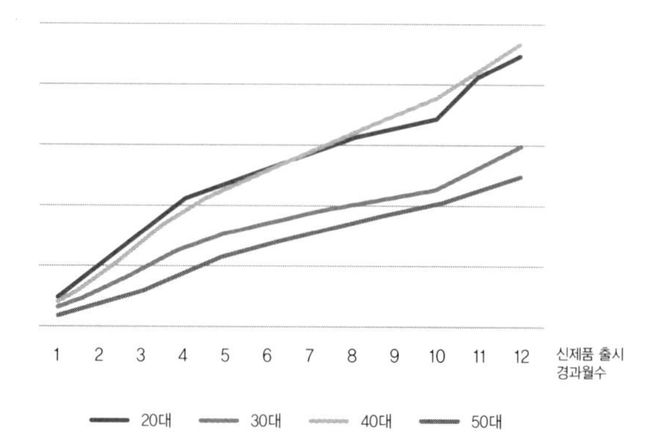

형태_PB)바밤바라떼 240ml

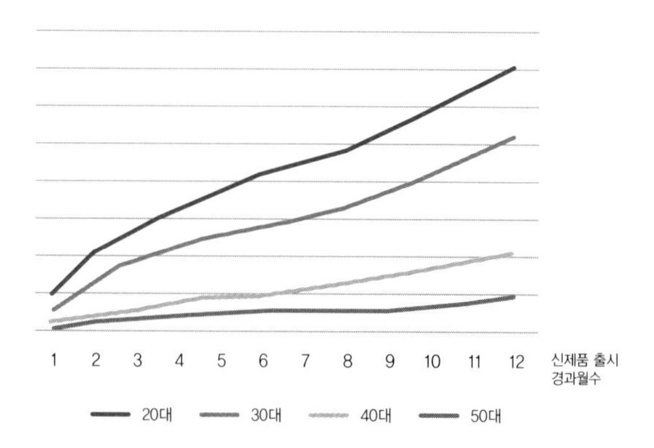

연령대별 분석결과를 보면 편의점의 고객 특성상 밀레니엄 세대가 만들어내는 매출이 가장 중요한 역할을 하는 것을 확인할 수 있다. 하지만 블랙보리나 별뽀빠이 같은 제품은 20대보다 30-40대의 매출 비중이 지속적으로 높게 나타났다. 쉽게 새로운 것을 받아들이고 또 쉽게 다른 트렌드를 발 빠르게 쫓는 밀레니엄 세대의 특성을 고려할 때, 지속적인 매출을 위해서는 밀레니엄 세대와 더불어 제품이 타겟팅한 소비자의 구매를 이끌어내는 것이 중요하다.

프로슈머Prosumer: 소비자와 함께 만들어가는 트렌드

지속적인 매출을 유지하는 제품들의 성공비결은 단순히 맛이나 형태의 변화에 있지 않다. 제품의 기획이나 광고 등이 시대적 트렌드에 잘 맞춰진 것도 있겠으나 이러한 성공의 이면에는 소비자의 참여가 함께하고 있다.

소비자의 적극적인 참여 또한 밀레니엄 세대의 특징 중 하나다. 트렌드를 주도하는 밀레니엄 세대들은 생산자만큼이나 소비를 촉진시키며 새로운 트렌드 흐름을 만들기도 한다. 이렇게 생산자와 소비자의 영역을 넘나드는 사람을 '프로슈머(생산형 소비자 또는 참여형 소비자)'라고 한다. 그들은 소비자라는 역할에 머무르지 않고 제품에 필요한 요소(니즈)를 제조사에 적극적으로 요청하기도 한다.

2020년 2월 13일에 올라온 뉴스1 코리아 기사에 따르면 오리온의 '태양의 맛! 썬'은 2018년 4월에 재출시된 이후 누적 판매량이 6000만 봉을 넘어섰다고 한다. 과거의 맛과 패키지를 그대로 재현했으나 4년 전 공장 화재로 생산이 중지된 제품이 소비자들의 적극적인 재출시 요청으로 다시 등장한 것이다. 소비자들의 의견을 반영해 신제품을 출시하고 단종 제품을 재출시하는 식품업계의 트렌드를 보여주는 대표적인 사례이다.

이와 같은 경우에서 보듯이 제품의 재출시 의사결정에 소비자의 요구를 반영하는 것은 잠재적 소비자뿐만 아니라 SNS를 통한 새로운 홍보수단인 인플루언서를 미리 확보하는 것과도 같다. 소비자 입장에서 자신의 요청에 의해 제품이 출시되거나 기능이 추가, 개선된다면 이를 소비하고 홍보하는데 주저할 이유가 없다.

성공하는 뉴트로 제품의 비결은?

다양한 제품이 경쟁하는 편의점에서 성공적으로 회자되는 레트로, 뉴트로 신제품의 매출 추이를 살펴보니 결과적으로 성공하는 제품들의 몇 가지 특징을 알 수 있다.

첫째, 제품이 과거의 맛, 형태를 가지더라도 이것이 밀레니엄 세대에게 신선함과 재미로 다가가야 한다. 비록 눈에 보이는 것이 아니더라도 시대를 뛰어넘어 공감할 수 있는 코드가 있어야 한다.

둘째, 밀레니엄 세대와 더불어 제품이 타겟팅한 다른 세대의 소비를 유발할 수 있어야 한다. 즉, 쉽게 변화하는 밀레니엄 세대와는 다르게 소득이 안정적이고 지속적인 소비가 가능한 세대의 향수를 자극할 필요가 있다.

셋째, 소비자의 참여를 유도해야 한다. 자기 주도적이고 트렌드를 이끌어가는 세대에게 제품기획, 소비, 홍보의 역할을 동시에 부여하는 것이다.

뉴트로 트렌드에 의해 편의점 내 많은 제품이 잠깐 선보이다 사라지기도, 스테디셀러로 자리매김하기도 한다. 이러한 시대적 흐름은 속도를 더해 나갈 것이며 유통 데이터 분석을 통해 지속적인 매출 가능성을 알아보는 일은 더욱 필요할 것으로 보인다.

그래서, '죠크박'은……

결국 나대리는 죠크박을 못 샀다. 대신 며칠 뒤에 집 근처 편의점에서 구매해서 먹었다. 하지만 뭔가 기대에 못 미치는 맛이었다고 한다. 무엇이 문제였을까?

죠크박은 아이스크림계의 대표적인 스테디셀러인 죠스바, 스크류바, 수박바를 적절히 섞어놓으며 소비자들의 호기심을 끌기에 충분한 제품이었다. 게다가 만우절 한정판으로 소비자 입장에서는 이번이 아니면 다시 경험하기 힘들 것 같은 희소성까지 더해져 나쁘지 않은 판매량을 기록했다. 2020년 4월 14일에 올라온 아시아경제 기사에 따르면 죠크박은 출시 1주일 만에 준비된 수량이 모두 판매되어 추가 생산에 들어가는 등 좋은 반응을 얻었다.

하지만 SNS 상에서나 주위의 평판은 그리 호의적이지 않아 보인다. 익숙했던 것에 대한 새로운 호기심을 자극하는 데는 성공했지만

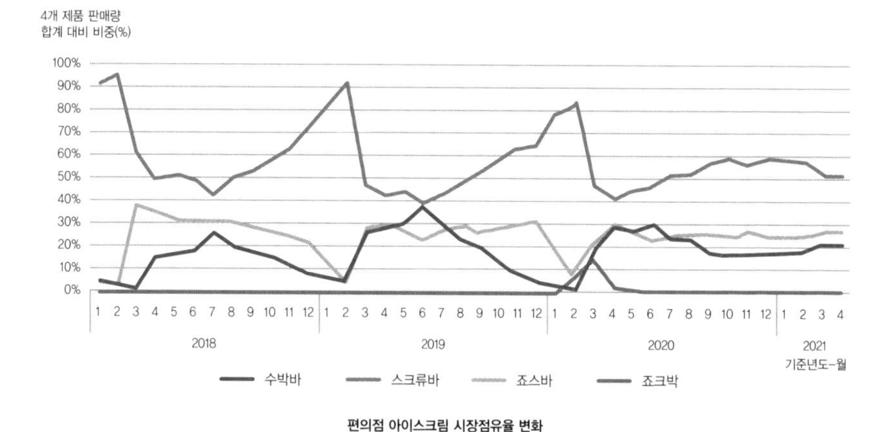

편의점 아이스크림 시장점유율 변화

지속적인 판매와 재구매를 이끌 만한 '식품 자체의 맛' 같은 근본적인 가치가 부족했던 것이다.

오히려 죠크박을 경험한 소비자는 기존에 각자가 선호하던 죠스바, 스크류바, 수박바에 대한 충성심을 키우거나 타제품의 간접경험으로 인한 선호 제품의 변화를 일으키기도 했다. 편의점 판매 데이터를 살펴보면 죠크박 출시 이후 스크류바에 비해 죠스바와 수박바의 구매가 증가한 모습이 보인다. 하지만 이것이 아이스크림 판매 비수기에 뉴트로를 화두로한 마케팅의 일환이라면 나름 선방한 기획이라고 볼 수도 있겠다.

뉴트로는 더 자극적인 재미, 새로움, 희소성을 더해 새로운 트렌드로 거듭나며 소비자의 향수를 자극하고 새로운 소비흐름을 만들고 있다. 하지만 이러한 소비는 재미, 새로움, 희소성 등이 일시적이지 않고 본질적인 제품의 가치를 유지하거나 강화시킬 될 때 더욱 지속할 수 있다. 그렇지 않으면 단순한 호기심으로 시작해 반짝 관심을 받은 그 제품은 며칠 내에 진열대에서 사라지게 될 것이다.

4장

이웃집에서 수입차를 사면 나도 사고 싶다

문희연, 정인중

출근길 아파트 주차장에 못 보던 차가 눈에 띈다. 날렵한 생김새가 예사롭지 않다. 길에서 흔히 보던 한국적인 미가 아닌 이탈리아 장인이 한 땀 한 땀 만든 예술작품 같다. 그 옆에는 독일에서 온 딱딱하지만 세련된 수입차도 보인다. 게다가 승용차 4-5대는 올려놓아도 끄떡없어 보이는 스웨덴 차도 있다. 어느새 아파트 주차장은 수입차 전시장이 되어 굳이 자동차 매장에 가지 않아도 내 구매 욕구를 불러일으키기에 충분해졌다.

이제 아파트에서도 마트에서도 거리에서도 수입차를 쉽게 발견할 수 있다. 실제로 우리나라는 2015년 이후 국내 수입차 비중이 꾸준히 증가해, 2020년 말에는 전체 등록차량의 11%를 차지할 정도로 그 점유율이 높아졌다.

수입차를 구매하는 연령대도 다양해지고 있다. 개성과 표현의 자율성을 강조하는 2030 세대는 경제력 대비 높은 가격에도 불구하고 수입차를 구매하는 '카푸어car poor' 트렌드를 주도하기도 한다.

이 장에서는 데이터 모델링과 지리적 분석기법을 활용해 수입차 구매 트렌드와 구매자의 특징을 심층적으로 풀어보고자 한다. 국토교통부의 차량등록통계에서는 자동차수, 행정안전부의 주민등록통계에서는 인구수, 그리고 나이스지니데이타의 거주지별 카드소비통계에서는 카드 소비 확인해보자. 데이터를 통해 지역별 인구수, 1인당 평균 소득, 카드 소비, 급여소득자 비중, 자영업자 비중을 알고 나면 내 주변에서 일어나는 수입차 구매에 대한 이해가 쉬워질 것이다. 더 나아가 나도 수입차를 살 수 있는지 가늠해 볼 수 있을 것이다.

차는 늘어난다

우리나라에는 총 몇 대의 차가 있을까? 국토교통부의 차량등록통계에 따르면 국내 등록차량수는 2010년 말에 1,794만 대에서 2020년 말에 2,437만 대로, 최근 10년간 36% 증가했다. 동기간에 주민등록 총 인구가 5,052만 명에서 5,183만 명으로 2.6% 증가한 것에 비하면 매우 높은 성장률이다.

차량 용도별로는 영업용 차량이 2010년 말에 97만 대에서 2020년 말에 175만 대로 가장 크게 성장했으며, 자가용도 동기간에 1,690만 대에서 2,252만 대로 33% 증가하면서 이제 국민 1인당 0.47대의 자가용을 보유하고 있는 시대에 접어들게 되었다. 국민 2인당 1대의 자가용을 보유하고 있다고 해석할 수도 있겠다. 가구당 자가용 보유대수는 2013년에 0.9대에 진입한 후, 현재는 평균 1대로 추정된다.

어느새 이토록 많은 사람들이 차를 가지게 된 걸까? 단순히 늘어난 숫자에 집중하기보다는 차량 구매에 영향을 미치는 다양한 요인을 고려하는 것이 중요하다. 경제성장과 이에 따른 여가생활의 증가는 과거 10년간 우리의 자동차에 대한 소비를 크게 바꿔놓았다. 주말 도로의 내비게이션이 가리키는 붉은색은 차량의 증가뿐만 아니라 레저용 세컨드 카의 구매를 보여주기도 한다.

주변에 새로 직장을 구한 지인들이 부모로부터 독립하면서 어떤 자동차를 살지 고민하는 것을 보면 1인 가구의 증가도 등록차량 증가에 지속적으로 영향을 줄 것으로 보인다. 현재까지 추세대로 자동차가 증가한다면, 2027년경에는 국내 인구 1인당 0.5대의 차량을 보유하게 될 것이다.

차는 커진다

차량의 증가와 함께 차량타입에 대한 선호도도 달라졌다. 주말 도로에는 승용차보다 가족 단위 나들이에 적합한 SUV[Sports Utility Vehicle]가 넘쳐난다. 가구당 가족수는 감소했지만 차는 더 넓고 편리한 타입을 선호하기 때문이다.

2012년의 차량타입별 판매율을 보면 중형 세단, 준중형 세단, 경형 세단, 준대형 세단 순으로 상위 4개 차량타입을 모두 세단이 차지했으며 5위만 중형 SUV였다. 하지만 2015년부터 SUV의 판매율이 증가하기 시작해 2020년의 상위 5개 차량타입은 준대형 세단, 중형 SUV, 소형 SUV, 중형 세단, 대형 SUV 순이다. 이처럼 SUV가 상위권을 차지하면서 높아진 SUV의 인기를 실감할 수 있다.

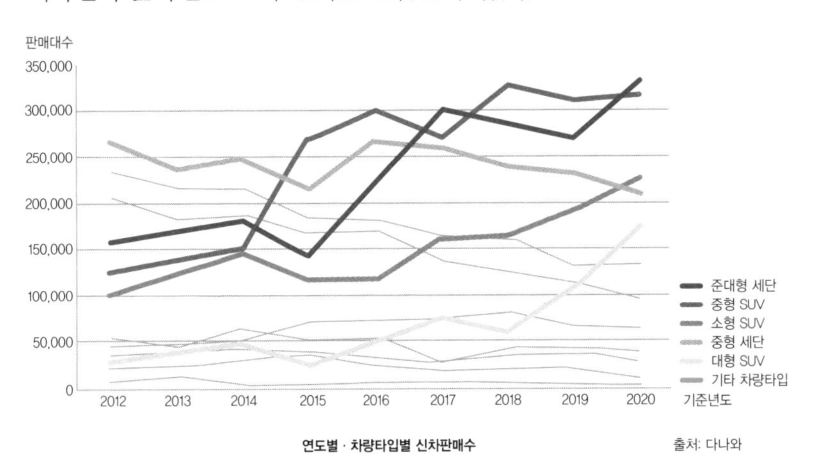

연도별 · 차량타입별 신차판매수 출처: 다나와

짧은 기간에 많은 사람들이 SUV를 찾게 된 이유는 무엇일까? 첫 번째는 완화된 연비 걱정이다. 2015년 이후 오일쇼크로 인해 기름값이 저렴해지면서 연비에 대한 부담으로 SUV를 구입하지 못한다는 인식이 점차 줄어들었고 기술적으로도 차량의 경량화를 통해 연비를 줄일 수 있게 되었다.

두번째는 생활패턴과 가구유형의 변화이다. 주 52시간 근로, '욜로YOLO' 같은 이슈의 등장으로 여가시간이 늘어나면서 취미생활에 적합하고 도심과 오프로드를 아우를 수 있는 SUV 차량에 대한 수요가 늘어났다.

이에 따라 자동차 회사들도 SUV 트렌드에 힘을 싣는 움직임을 보였다. 1인 가구를 겨냥한 소형 SUV, 4050 세대를 위한 대형 SUV 등이 출시되면서 생활패턴과 가구유형에 맞춰 SUV 시장도 세분화되고 있다. 특히 수입차 브랜드인 포르쉐, 롤스로이스, 람보르기니, 벤틀리 등에서도 SUV를 출시하면서 차량 트렌드의 중심은 세단에서 SUV로 넘어가고 있다.

수입차는 점점 다양해진다

차량의 증가와 SUV 선호도가 높아진 것만큼이나 수입차가 차지하는 비중은 늘어났고 그 종류도 다양해졌다. 국내 총 등록차량수는 2015년에 2,099만 대에서 2020년에 2,437만 대로, 연평균 3.2%로 성장한 데에 비해 수입차는 동기간에 139만 대에서 268만 대로, 연평균 18.6%까지 가파르게 성장했다. 이로써 현재 수입차 시장점유율은 11%에 이른다.

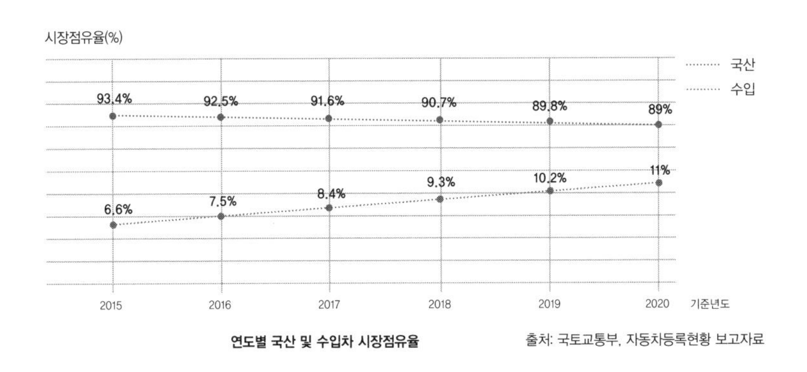

연도별 국산 및 수입차 시장점유율

출처: 국토교통부, 자동차등록현황 보고자료

사실 공급의 관점에서 수입차는 상당히 보편화된 상황이다. 특정 제품이 보편화된 정도는 그 제품의 시장성에 따라 유사 제품이 얼마나 많이 출현했는지로 판단할 수 있다. 1987년에 최초로 수입차 수입시장을 개방하면서 판매된 브랜드가 벤츠(한성자동차), 아우디 및 폭스바겐(효성물산), 볼보(한진), BMW(코오롱상사)로 5개에 불과했다면 2020년을 기준으로 한국수입자동차협회에 등록된 수입차 판매 브랜드는 28개로 다양성 측면에서 크게 발전했다고 할 수 있다.

또한 다양한 배기량대에서 많은 모델이 국내에 소개되고 있기도 하다. 각 승용차의 배기량별로 수입차가 차지하는 비중을 살펴보면 소비수준, 즉 배기량과 연비의 측면에서 수입차의 포지셔닝을 대략적으로 짐작할 수 있다.

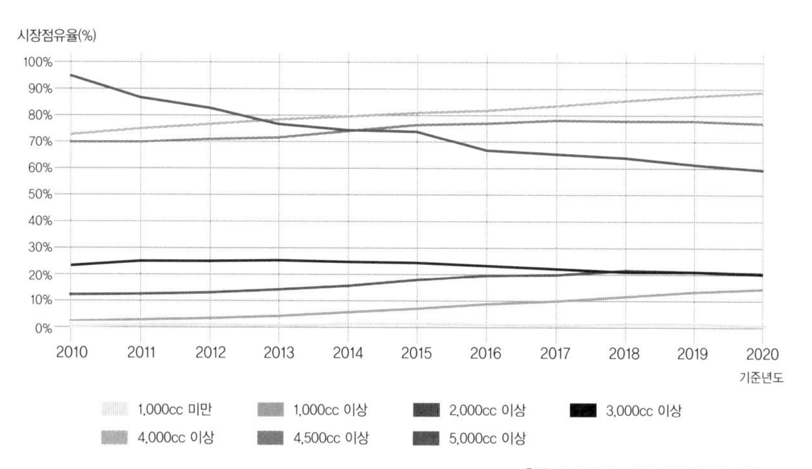

출처: 국토교통부, 자동차등록현황 보고자료

연도별 · 승용차 배기량별 수입차 시장점유율

4,000cc 미만의 차종에서 수입차의 시장점유율은 25% 이내, 4,000cc 이상에서는 배기량별로 60-80%까지 높은 비율을 유지하는 모습을 보인다. 수입차의 주요 포지셔닝은 배기량이 높은 차급에서 이루어지고 있으며 이는 곧 수입차가 크고 가격이 비싼 차라는 이미지와 연결된다.

특이한 점은 대부분의 승용차 배기량 구간에서 수입차의 연도별 시장점유율이 늘어나는 반면 배기량 5,000cc 이상에서는 유독 감소한다는 것이다. 이는 5,000cc 이상의 대형 승용차 시장에서 국내 브랜드의 적극적인 시장공략이 효과를 나타냈다고 볼 수도 있고, VIP급에서 이용 가능한 렌트 차량이 특정 브랜드로 한정된 탓일 수도 있다.

누가 가장 많이 살까?

그렇다면 수입차를 가장 많이 구매하는 연령대는 어떻게 될까? 전체 세대주 연령대별로 보면 2014년까지는 50대와 60대 이상이 50대 미만 보다 수입차 보유 비중이 높았다. 즉, 연령대가 높을수록 수입차를 구매하는 비중은 늘어났던 것이다. 하지만 2015년 이후로는 소비 트렌드가 변했다. 30대와 40대의 수입차 비중이 50대와 60대를 추월하게 되었다.

이와 같은 현상은 수입차 브랜드에서 다양한 연령대에 맞는 차량을 출시하면서 소비자의 선택의 폭이 넓어진 원인이 크겠지만 더 이상 수입차가 나이든 사람들을 타깃으로 하지 않는다는 것을 의미하기도 한다. 또한 3040 세대의 수입차 비중 증가 추세는 이 연령대가 수입차 구매의 주력 고객층으로 자리 잡을 수 있는 가능성을 보여주기도 한다.

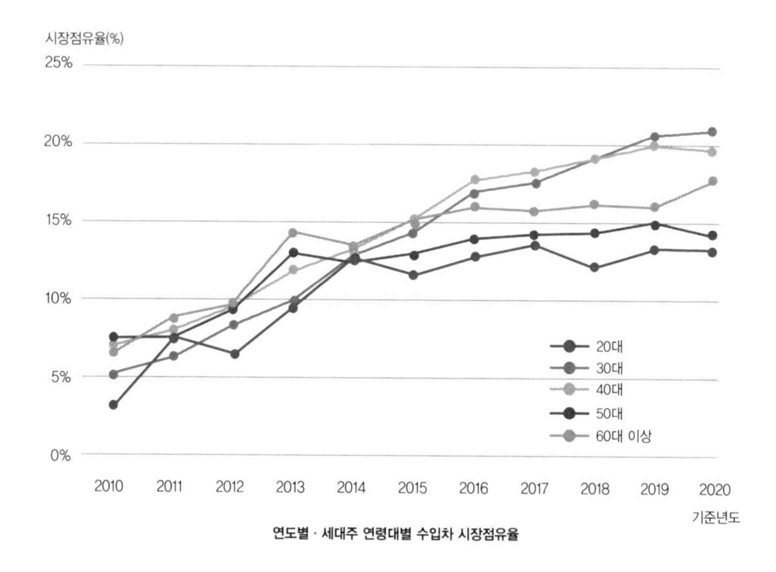

연도별 · 세대주 연령대별 수입차 시장점유율

수입차 구매는 합리적으로 이루어진다

본격적으로 수입차 구매에 영향을 주는 요인에 따라 구매자의 특징을 분석해보자. 먼저 판별하고자 하는 값(Y값)은 '시군구별 수입차 비중'이다. 공공 데이터는 시도 단위로 데이터를 제공하기 때문에 민간 데이터 중 비교적 상세한 아파트 단지별 수입차 비율을 시군구 단위로 보정해 활용했다.

다음으로 판별에 활용한 값(X값)은 민간 데이터 중 구하기 쉽고 직관적으로 판단할 수 있는 시군구별 인구수, 소득, 소비, 직업 등의 항목을 선택해 활용했다. 구체적으로 ① 인구수, ② 1인당 평균 소득, ③ 1인당 평균 카드 소비, ④ 급여소득자 비중, ⑤ 자영업자 비중으로 총 5개의 항목이다.

각 요인들과 시군구별 수입차 비중의 관계는 아래 그림에서 확인할 수 있다. 수입차 비중은 모두 파란색 도트로, 각 요인들은 색상을 달리해 상대 5분위로 표현했다. 각 요인들의 색상이 진할수록, 파란색 도트 차트의 크기가 크고, 색상이 진할수록 높은 값을 의미한다.

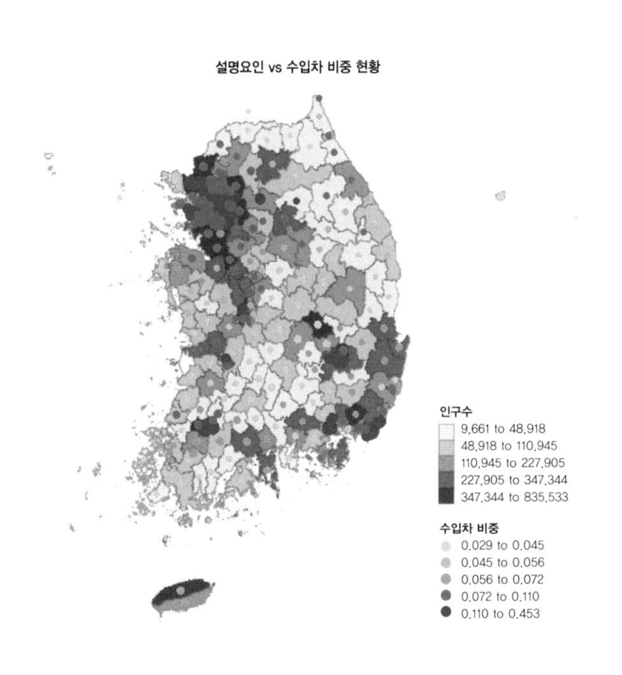

1인당 평균 소득
- 3,340 to 3,574
- 3,574 to 3,654
- 3,654 to 3,749
- 3,749 to 3,895
- 3,895 to 5,150

수입차 비중
- 0.029 to 0.045
- 0.045 to 0.056
- 0.056 to 0.072
- 0.072 to 0.110
- 0.110 to 0.453

1인당 평균 카드 소비
- 73 to 197
- 197 to 516
- 516 to 1,035
- 1,035 to 1,603
- 1,603 to 2,597

수입차 비중
- 0.029 to 0.045
- 0.045 to 0.056
- 0.056 to 0.072
- 0.072 to 0.110
- 0.110 to 0.453

급여소득자 비중
- 0.139 to 0.225
- 0.225 to 0.277
- 0.277 to 0.306
- 0.306 to 0.335
- 0.335 to 0.439

수입차 비중
- 0.029 to 0.045
- 0.045 to 0.056
- 0.056 to 0.072
- 0.072 to 0.110
- 0.110 to 0.453

자영업자 비중
- 0.045 to 0.061
- 0.061 to 0.072
- 0.072 to 0.088
- 0.088 to 0.103
- 0.103 to 0.142

수입차 비중
- 0.029 to 0.045
- 0.045 to 0.056
- 0.056 to 0.072
- 0.072 to 0.110
- 0.110 to 0.453

X, Y값의 상관관계를 정리하면 다음과 같다.

- 인구가 많은 지역일수록 수입차 비중이 높다.
- 1인당 평균 소득이 높은 지역일수록 수입차 비중이 높다.
- 1인당 평균 소비가 많은 지역일수록 수입차 비중이 높다.
- 급여소득자 비중이 높은 지역일수록 수입차 비중이 높다.
- 자영업자 비중이 높은 지역일수록 수입차 비중이 낮다.

인구가 많고 평균 소득, 소비가 높을수록 수입차 비중이 높은 현상은 대도시에 살면서 소득과 소비에 여력이 있는 사람들이 수입차를 선택하는 확률이 높다는 것을 의미한다. 또한 급여소득자와 달리 자영업자의 비중이 높을수록 수입차 비중이 낮은 현상은 급여소득자에 비해 자영업자의 직업적 안정성이 상대적으로 낮다는 것을 증명하는 결과라고 볼 수 있다.

그중에서도 지역별 수입차 비중이 높은 지역을 설명하는 위 모델에 따르면 전국 단위 요인에서 1인당 평균 소득과 자영업자 비중이 중요하게 작용함을 알 수 있다. 지역별 등록차량 대비 수입차 비중은 소득 수준과 자영업자 비중 정보로 약 53%의 유의미한 설명이 가능하다.

수입차 비중 설명요인 　　　　 수입차 비중 설명모델 추정값과 실측값 비교

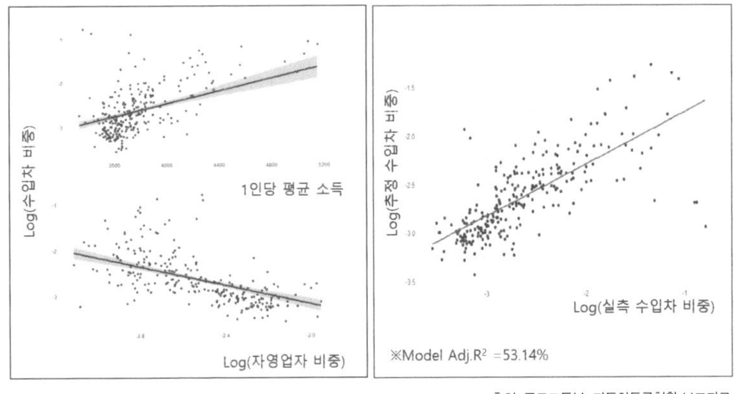

출처: 국토교통부, 자동차등록현황 보고자료

(주)선형회귀모델 구성을 위해 수입차와 자영업자의 비중은 로그 변환하여 적용했다.

즉, 수입차 구매자가 본인의 소득과 재정적 안정성을 고려한다면 일반적으로 기대되는 합리적인 소비를 하게 되는 것이다.

여전히 수입차 비중이 가장 높은 지역은 강남 3구일까?

수입차 구매에 결정적으로 영향을 주는 주요 요인까지 알아봤다. 그렇다면 전국에서 수입차 비중이 가장 높은 지역은 어디일까? 2020년 말을 기준으로 전국 230개 시군구의 수입차 비중을 살펴보면, 수입차가 가장 많은 지역은 서울 강남구로 85,279대가 등록되어

있으며, 가장 적은 지역은 경북 울릉군으로 184대의 차량이 등록되어 있다. 실제 도로가 마치 수입차 전시장인 것처럼 느껴지는 강남역이 소속된 강남구는 수입차 비중이 36.1%로 3대 중 1대 이상이 수입차인 셈이다.

광역시도명	시군구명	등록차량수	수입차수	수입차 비중	주민등록인구수	수입차 규모 순위	수입차 비중 순위
부산	중구	35,408	17,700	50.0%	41,523	51	1
대구	중구	69,216	32,757	47.3%	76,547	14	2
부산	동구	52,490	21,098	40.2%	88,901	39	3
서울	강남구	236,216	85,279	36.1%	539,231	1	4
서울	서초구	181,053	61,242	33.8%	425,126	2	5
서울	용산구	78,995	26,704	33.8%	230,040	21	6
인천	연수구	200,408	57,706	28.8%	387,450	4	7
경기	성남시 분당구	190,605	52,520	27.6%	482,232	6	8
대구	수성구	220,692	60,141	27.3%	424,314	3	9
부산	연제구	101,714	25,911	25.5%	209,157	22	10

수입차 비중 순위 TOP10 지역

하지만 등록차량 대비 수입차 비중 순위를 살펴보면 1위는 서울 강남구가 아니라 부산 중구, 대구 중구, 부산 동구로 각각 1, 2, 3위를 차지한다. 세 지역 모두 수입차 비중은 40% 이상으로, 1위인 부산 중구는 무려 총 등록차량의 절반이 수입차다. 수도권에 비해 해당 지역의 인구수가 월등히 적다는 점을 고려할 필요가 있겠다.

울산은 수입차 진입이 어려운 시장이다

일반적으로 지역별 등록차량 대비 수입차 비중은 지역 주민의 소득수준과 자영업자 비중으로 설명이 가능하지만 유독 모형만으로는 설명이 어려운 시장이 있다. 모델의 표준 잔차도*에 따르면 이상치로 보이는 지역은 부산 중구, 부산 동구, 대구 중구, 경남 창원시 성산구, 울산 동구, 울산 남구이다.

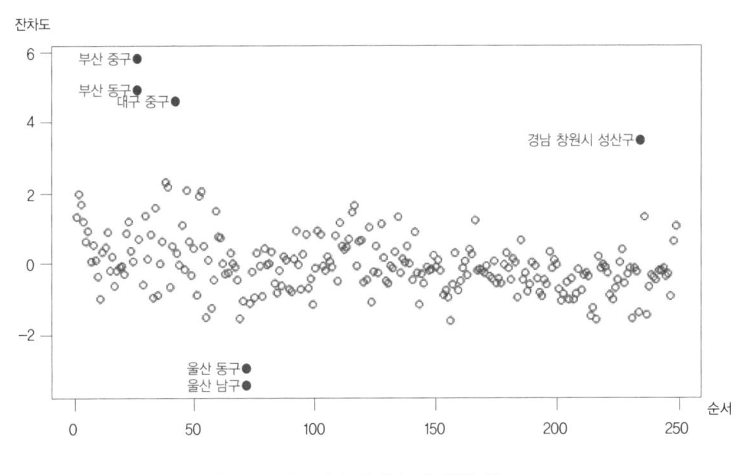

수입차 비중 설명모델의 표준 잔차도 및 이상치 지역

* 설명변수로 설명할 수 있는 요인을 제외하고 남은 값을 표현하는 방법.

지역명	인구수	등록차량수	수입차수	수입차 비중	모델 예측 수입차 비중
울산 남구	328,322	263,616	11,452	7.2%	11%
울산 동구	163,753	129,495	2,500	4.0%	14%
경남 창원시 성산구	226,491	179,377	10,132	8.3%	14%

수입차 비중 설명모델의 이상치 지역 현황

이 중에서 모델의 설명력보다 현저하게 수입차 비중이 낮은 지역은 울산 남구, 울산 동구, 그리고 경남 창원시 성산구이다. 이 지역들의 경우, 거주자의 소득규모가 높고 자영업자 비중도 낮아 수입차 비중이 높아야 하지만 현실은 매우 낮은 비중을 나타낸다. 특히 울산 동구의 경우에는 등록차량 대비 수입차 비중이 약 14%로 예상되나 실제로는 약 4% 수준에 그치는 등 모델만으로 설명할 수 없는 다른 요인들이 잠재한 지역이라고 볼 수 있다.

실제 울산에는 현대자동차 공장이 인접해 있어 임직원들과 협력사 직원들이 자사 차량을 저렴하게 구매한 영향을 받았을 것으로 추정된다.

또한 연간 수입차 증가율도 타지역의 평균을 넘지 못하는 것으로 보아, 울산의 수입차 비중은 당분간 상대적으로 낮을 것으로 예상된다.

이처럼 내가 속한 지역이나 직업이 가진 특수한 조건이 수입차 구매에 영향을 미치는 예외적인 경우도 존재한다.

인접지역의 수입차 비중이 늘어나면 우리 지역도 늘어난다

내가 속한 지역뿐만 아니라 인접지역의 수입차 비중도 고려해볼 필요가 있다. 공간정보의 패턴분석 차원에서 생각해보면, 수입차 구매에 작용하는 공간자기상관성Spatial Autocorrelation에 대해 알 수 있다. 즉, "모든 것은 다른 것과 연결되어 있지만 가까운 것은 먼 것보다 더 긴밀하게 연결되어 있다"라는 지리학자 월도 토블러Waldo Tobler, 1970의 지리학 제1법칙에 따라 우리도 행동하고 있는 것인지 파악해보자.

먼저 공간패턴의 유형을 살펴보자. 가장 왼쪽의 유형은 2개의 패턴이 완벽하게 비집합적인 모습을, 중간의 유형은 임의의 패턴을, 오른쪽의 유형은 완벽하게 집합적인, 군집적인 패턴을 지닌 공간을 의미한다.

Moran's I는 공간적 자기상관성을 나타내는 지표로 1에 가까울수록 완전히 집합적인 자기상관성을 나타낸다.

공간패턴의 유형

만일 우리 지역의 수입차 비중이 인접지역의 구매에 영향을 받는다면 지역별 자기상관성이 명확히 나타날 것이고, 그렇지 않다면 공간적인 패턴이 없는 수입차 비중을 나타낼 것이다.

하지만 우리가 지역을 중심으로 모여서 살고 있는 지리적 특성 자체가 공간적 연관성을 갖는 것이 사실이고 앞에서 본 바와 같이 소득이나 자영업자 비중 등 지역별 특성에 따라 영향을 받는다. 이와 같은 영향을 최소화하면서 공간적 연관성을 파악하기 위해 앞에서 구성한 수입차 비중 설명모델의 잔차가 지리적 연관성을 갖는지 확인해보자.

왼쪽의 회귀분석 잔차도가 공간패턴의 유형 중 어느 쪽에 가장 가까워 보이는가? 대부분의 독자들은 완벽하게 비집합적인 모습보다

회귀모형의 잔차도(5분위)

잔차(residuals)
-1.282 to -0.236
-0.236 to -0.101
-0.101 to 0.009
0.009 to 0.200
0.200 to 2.160

공간패턴 분석을 위한 연관 네트워크

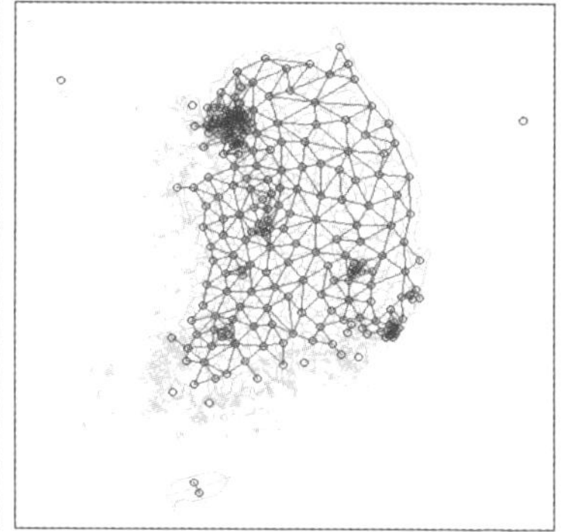

상당히 집합적인 모습을 갖는 지역들을 확인할 수 있을 것이다.

실제 특정 지역과 인접지역을 연결하면 오른쪽의 네트워크 지도를 만들 수 있는데, 이 지도를 바탕으로 공간패턴의 유형을 분석해보면 통계량Moran's I이 0.48에 이른다. 즉, 수입차 비중이 지역별 소득이나 자영업자 비중 외에도 인접지역의 공간적 영향을 받고 있다는 것을 보여주는 결과이다.

다른 주목해볼 사항은 최근 수입차 비중이 2015년 대비 더 강화되는 경향을 보인다는 것이다. 2015년의 통계량이 0.40이었던 것에 반해 2020년의 통계량이 더 높아지는 현상으로 보아, 수입차 비중에 대한 군집화 특성도 더욱 강화되고 있는 것으로 보인다.

수입차 시장의 향후 확대 가능성은?

불과 10년 전까지만 해도 별로 눈에 띄지 않았던 수입차가 이제는 지역별로 상당히 많이 보인다. 강남구와 서초구는 이미 수입차 비중이 30%를 넘었다. 우리 동네는 어떻게 될까? 앞서 확인한 수입차 비중에 절대적으로 영향을 미치는 소득수준과 직장인 비중이 높은 지역을 중심으로 확인해보자.

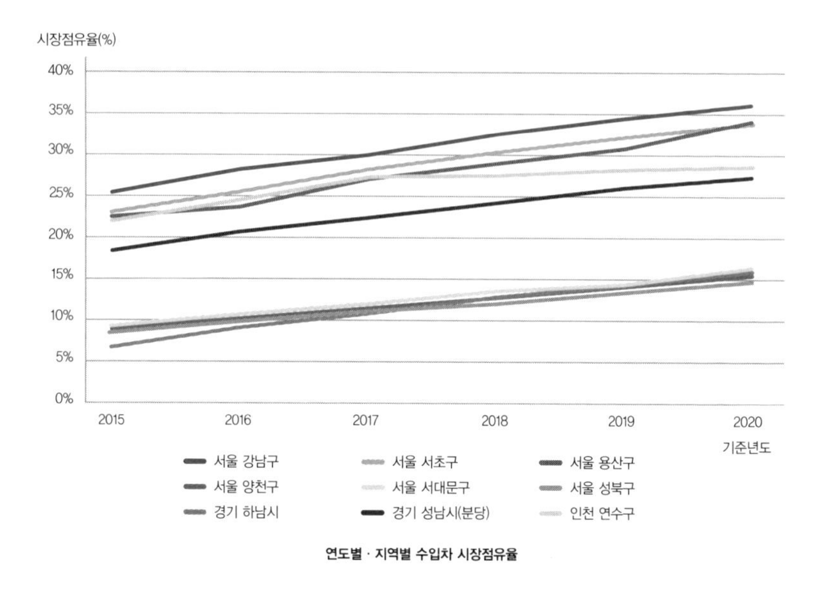

연도별 · 지역별 수입차 시장점유율

위 그림에서 보듯이 소득수준이 높은 서울시 강남구, 서초구, 용산구, 경기 성남시 분당구뿐만 아니라 직장인 비중이 높은 서울시 양천구, 경기 하남시 등에서도 지속적으로 수입차 비중이 늘어나는 추세를 보인다. 이와 같은 추세로 볼 때 수입차 비중은 당분간 증가세를 나타낼 것으로 예상된다.

최근에는 친환경차 확대 정책에 따른 금전적 지원을 받을 수 있게 되면서 중간 이상 가격대에서 기능과 디자인이 우수한 수입차를 놓고 구입 여부를 고민하는 소비자들도 늘고 있고 실제 이들 시장의 수입차 증가 현상이 지속되고 있다.

그럼에도 수입차 비중이 소득이나 재정적 안정성에 많은 영향을 받는다는 사실은 여전히 많은 소비자들이 가격 때문에 수입차 구매를 고민하고 있음을 반증하는 증거이기도 하다.

동네 울타리에 세워진 람보르기니가 멋있어 보이기는 해도 너무 조바심 낼 필요는 없다. 많은 소비자들이 남들과 같은 모델을 사기 위해 노력하기보다는 합리적인 소비를 하고 있고, 우리에게는 자유로운 선택권이 있기 때문이다.

5장

현대판 맹모삼천지교, 학군

박성은

맹모삼천지교孟母三遷之敎라는 고사를 들어봤을 것이다. 맹자의 어머니가 맹자가 어렸을 때 묘지 가까이로 이사했더니 제사 지내는 흉내를 내고, 집을 시장 근처로 옮겼더니 이번에는 물건 파는 흉내를 내어, 다시 글방이 있는 곳으로 이사를 해 맹자를 공부에 전념시켰다는 내용이다. 자식에 대한 부모의 헌신을 높이 사는 뜻으로 자주 회자되곤 하는 이 고사에 '교육에는 주위환경이 중요하다'는 아주 상식적인 교훈 외에 숨겨진 이면은 없을까? 여기서 두 가지만 짚고 넘어가자.

첫째, 맹자가 누구인가? 고사의 내용만 봐서는 조선시대 어느 유학자의 유년기에 해당하는 이야기 같지만 사실 맹자는 중국에서 기원전 372-289년까지 살았던 인물이다. 즉, 2,400년 전 당시 중국은 춘추전국시대, 우리나라는 이제 막 철기가 유입되던 고조선이 배경이다. 새삼 그 옛날에 교육의 중요성을 깨닫고 여러 차례 이사를 감행한 맹자의 어머니가 대단하게 느껴진다. 자녀교육에 대한 부모의 관심은 유구한 역사임에 틀림없다.

둘째, 맹자의 어머니는 어느 글방을 선택했을까? 교육을 위해 3번의 거처를 옮겼다면 틀림없이 어느 글방이 좋을지도 고민했을 것이다. 시험에 많이 합격한 전통명문? 아니면 사방천리에서 제일 유명한 선생님이 계신 곳이었을까? 그도 아니면 집값이 저렴하고 스파르타식 교육을 추구하는 경제적인 곳이었을 수도 있겠다. 2,000년도 더 된 일이라 데이터는 남아있지 않겠지만 자녀의 교육 환경에 대한 논의는 예나 지금이나 뜨거운 주제이다. 이번 장에서는 현대에도 이어져오는 맹모삼천지교를 통해 데이터를 활용한 의사결정의 중요성에 대해 이야기해보고자 한다.

현대판 맹모삼천지교는 계속된다

오바마 전 대통령은 미국의 다소 느슨한 교육이 벤치마킹해야 할 대상으로 한국의 교육열을 꼽으며 모범사례로 소개한 바 있다. 교육에 대한 한국인의 관심과 열정이 국내를 넘어 세계에서도 인정받을 정도로 유별남을 보여주는 경우이다.

〈스카이 캐슬〉과 〈펜트하우스〉라는 드라마를 모두 기억할 것이다. 모든 것을 현실로 인식하기에 다소 자극적인 묘사도 많았지만 두 드라마가 흔히 말하는 시청률 대박을 터뜨릴 수 있었던 이유는 자녀교육에 대한 부모의 욕망과 우수한 교육 환경, 즉 우수학군으로의 진입과정을 잘 풀어냈기 때문이다.

현실에서도 학군에 대한 부모의 욕망은 '학세권'이라는 신조어까지 만들어내며 거주지를 결정하는 데에 있어서 중요한 요소로 학군과 학원가를 꼽는 지경에 이르렀다. 초품아(초등학교를 품고 있는 아파트), 특목고와 자사고를 많이 보낼 수 있는 중학교, 거기에다 좋은 대학으로 이어지는 학원가까지 가깝다면 금상첨화라는 식이다.

한동안 수시제도로 인해 학군이 큰 의미가 없는 것처럼 느껴질 때도 있었으나 자사고, 특목고 폐지와 수능 정시확대 등의 이슈는 다시금 학군을 재조명하는 계기가 되고 있다. 이 때문에 대치동에 전

학생이 몰려들어 초등학교 학급의 학생수가 40명까지 올라가 급식이 부족할 정도라는 소문이 돌 정도이니, 부모들이 얼마나 교육과 학군에 민감하게 반응하고 있는지 그 열기를 짐작할 수 있다.

한 가정의 사례를 들어보자. 서울 동북권 쪽에 거주하는 한 가정이 있다. 신혼 초부터 근검절약하며 맞벌이 생활을 한 부부는 서울 중심부는 아니지만 25평대의 집을 마련하고, 5살 된 아이를 키우며 행복하게 생활하고 있었다.

그러던 어느 날 아내 A씨는 오랜만에 대학 동창들과의 모임에 참석했다. 비슷한 연령대의 모임인지라 자연스럽게 대화 주제는 육아로 이어졌고 A씨는 그 대화 중 큰 충격을 받게 된다. 대학 동창들은 반포, 목동 등지의 교육 인프라가 집중된 지역에 살며 그들의 5-6살 된 아이들은 이미 영어유치원, 수학학원 등의 사교육을 받고 있었다. 동창들은 학원에는 신경조차 쓰고 있지 않던 A씨에게 마치 큰일이라도 난 것처럼 호들갑을 떨었다.

마음이 급해진 A씨는 집에 돌아가자마자 이 문제로 남편 B씨와 의논하며 무리를 해서라도 교육 인프라가 잘 갖춰진 곳으로 이동해야 하는지 고민에 빠지게 되었다. 결국 부부는 그동안 저축한 돈에 대출까지 받아 현재 거주중인 집을 팔고 목동 쪽으로 전세를 가기로 결정하기에 이른다.

이 사례처럼 대다수의 가정은 자녀가 생기고 난 후부터는 자녀가 성장하는 환경, 그중에서도 교육 인프라가 잘 갖춰진 주거지역을 최우선으로 생각한다. 어떻게 보면 씁쓸하고 '저렇게까지 해야 하는가'라는 의문이 들 수도 있지만, 아이를 가진 부모라면 반드시 공감할 수 있는, 한 번쯤은 해봤을 법한 고민이라고 생각한다. 앞에서 언급한 우수학군은 이러한 부모들의 희망지역 상위에 위치하리라 확신한다.

데이터로 학군을 들여다보자

이 장에서는 이렇듯 한국의 교육열을 가장 잘 드러내는 현상으로 학군에 대해 자세하게 알아보고자 한다. 먼저 주목받는 우수학군(전통학군과 신흥학군) 지역의 특징을 알아보기 위해 학령인구통계, 학업성취도 데이터, 서울대 진학률 등 공공 데이터를 활용한다. 또 학군별 학원가 현황 및 시장규모에 대해서는 나이스지니데이타의 신용카드 매출소비통계 중 학원업종 데이터와 부동산 거래 데이터 등 민간 데이터를 활용해 분석해보고자 한다.

물론 우수학군에 이미 진입한 부모들에게 해당 학군의 특징은 별로 새롭지 않은 내용일 수 있다. 심지어 더 중요한 정보를 혼자만 알아 자녀교육의 비법으로 활용하고 싶을 수도 있으리라 짐작한다. 그렇다고 모든 학군의 특징을 알 수 없기에 3대 학군을 비롯한 다양한 신흥학군에 대해 소개하고자 한다. 나아가 집 주변 학원가를 우수학군과 비교하고 내가 속한 지역의 학군을 파악하면서 선택의 폭을 넓히는 기회가 되었으면 한다. 무엇보다 데이터를 활용해 부모와 자녀에게 맞는 학군을 선택하는 데 도움이 되기를 바란다.

참고로 통계청에서 발표한 '2019년* 초중고 사교육비 조사결과'로 성장하는 교육시장을 가늠해보자. 2019년 사교육비 총액은 약 21조 원으로 전년도 19.5조 원에 비해 7.8% 증가하였고 전체 학생의 1인당 월평균 사교육비는 32만 원으로 전년도 대비 10.4% 증가했다. 학생수는 매년 감소하고 있는 데 반해 지속적으로 증가하고 있는 사교육비는 자녀교육에 대한 부모의 열망이 우상향하고 있음을 잘 보여준다. 앞으로도 한국의 교육열은 시간이 지날수록 그 존재감을 더해갈 것으로 예상된다.

사교육의 메카 – 강남구 대치동

강남구는 입시, 영어, 예체능 등 업종의 학원가 시장규모가 국내에

* 코로나19의 영향을 제거하고자 2020년 대신 2019년 자료를 사용한다.

서 가장 큰 학군으로 2019년 한 해의 추정매출이 1조 5,270억 원이다. 2위인 경기도 수원시의 한 해 시장규모가 약 6,500억 원인 점을 감안하면 강남 사교육시장의 거대함을 실감할 수 있다.

강남구 내에서도 압구정동, 삼성동, 개포동 등 주거지 인근으로도 학군이 분포하지만 가장 대표적인 학군은 대치동 학군이다. 오죽하면 대치동에 입성하기 위한 부모를 일컫는 말로 '대전족' '대원족'이라는 신조어가 생겨날 정도로 많은 부모들이 대치동 학군으로 진입하기를 희망한다. 대전족은 대치동에 전세를 구하는 사람을, 대원족은 대치동에 원룸을 구하는 사람을 말한다.

대치동 학군은 해당 지역에 포진되어 있는 명문학교들도 유명하지만, 국내 최대 규모와 퀄리티를 자랑하는 학원가가 그 백미라 할 수 있다. 대치동 학원가는 대치역과 도곡역 사이에 일부 형성되어 있고, 은마아파트 앞 사거리를 중심으로 동서남북 십자가 모양으로 형성되어 있다. 마치 학원가를 중심으로 학교들이 분포하고 있는 것처럼 보일 정도로 매일 오후마다 학생들이 학원가로 쏟아져 나온다.

대치동 학원가의 가장 큰 장점은 다양한 영역의 교육을 고루 경험할 수 있다는 점이다. 대치동 내의 영리목적의 사교육 시설수는 약 900개로 다양한 종류의 학원이 분포하고 있다.

우선 입시학원이 52.1%로 가장 큰 비중을 차지하고 있다. 입시학원은 종합학원 외에도 국영수, 논술, 과학 등으로 각각 특화된 전문

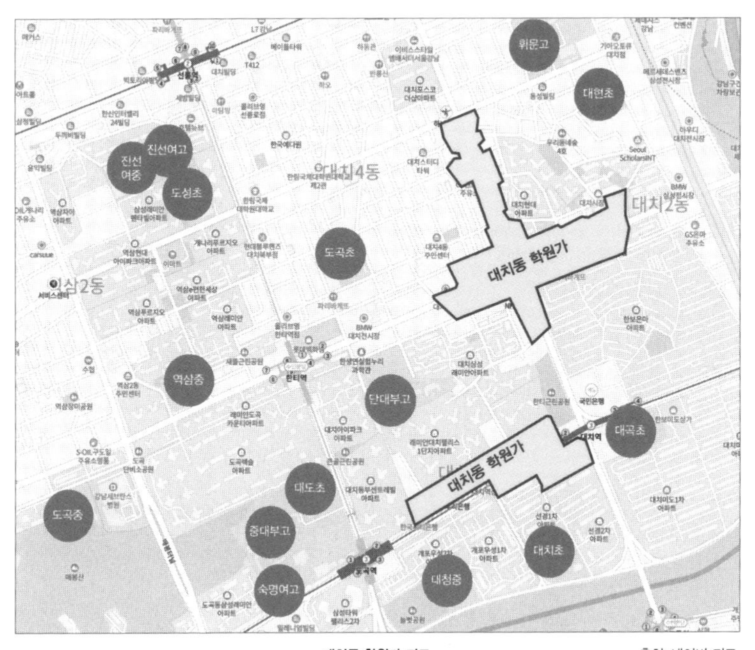

대치동 학원가 지도 출처: 네이버 지도

학원이 있다. 드라마에서 접했던 입시컨설팅 업체도 다수 있어서 입시에 대한 종합적인 정보수집과 진단이 가능하다. 입시를 위한 부대시설도 잘되어 있는 편이다. 혼자 공부할 수 있는 스터디카페가 약 60개로 다른 지역에 비해 상당히 많이 분포하고 있으며, 부모를 떠나 공부하는 학생을 위한 '학사'라는 주거개념의 시설도 있다. 이 시설은 기상 및 학원시간을 체크해주고 집밥 못지않은 식사를 제공하는 등 고시원 이상의 서비스를 제공한다.

그다음으로 회화 등 전문외국어학원이 15%, 예체능학원이 10% 정도의 비중을 차지하고 있다. 초등생을 위한 영재학원, 코딩학원, 로봇학원 등도 고루 분포하고 있다. 대치동에서는 전통적인 학원의 형태부터 최신의 트렌드를 학습하는 학원에 이르기까지, 한마디로 있을 건 다 있어 모든 형태의 교육을 경험할 수 있다.

대치동 학원가의 시장규모는 계속 급증하고 있다. 한 해 매출을 기준으로 2016년에는 약 6,700억 원이었던 시장규모가 2019년에는 약 8,600억 원으로 약 28% 성장했다.

가장 큰 비중을 차지하는 입시학원의 경우, 5,932억 원으로 시장규모가 약 33.7% 성장했다. 특히 법인사업장의 매출규모가 2016년보다 약 42% 성장했다. 2019년을 기준으로 대치동 학원 개인사업장의 시장규모는 1,208억 원, 점포수는 346개이고, 법인사업장의 시장규모는 4,724억 원, 점포수는 188개이다.

입시학원 외에도 모든 학원 업종의 시장규모는 크게 증가했다. 그중 디지털 시대의 핵심인 코딩교육에 대한 수요가 급증하면서 컴퓨터학원의 시장규모가 3배 이상 증가하기도 했다.

2020년에는 코로나19로 인해 약 15% 매출이 감소하기도 했으나, 동기간 전국 학원매출이 약 20% 감소한 것을 감안할 때 천재지변 속에서도 대치동 학원가의 열기는 식지 않음을 느낄 수 있다. 그나마 사회적 거리두기 등의 통제를 시작한 3월에 바닥을 찍은 후로는

학원 업종	2019년 시장규모(억 원)	2019년 점포평균매출(만 원)	결제단가(원)	시장규모 증감률 (2016년 대비)
입시학원	5,932	9,243	329,000	33.7%
외국어학원	1,584	8,930	280,000	14.9%
예체능 학원	567	4,423	487,000	27.1%
유아교육학원	95	5,223	269,000	13.5%
컴퓨터학원	27	2,529	333,000	386.2%

출처: NICEBIZMAP

대치동 학원가 업종별 시장규모, 평균매출, 결제단가 등

매출도 계속 회복하고 있다.

국내 최대 수준의 학원 인프라는 높은 집값에도 불구하고 대치동 학군으로의 진입을 희망하는 큰 동기부여가 되었다. 실제로 강남 학령인구의 순이동(전입-전출)이 2016년에는 522명, 2017년에는 720명, 2018년에는 952명, 2019년에는 2,847명으로 매년 폭발적인 증가세를 보이고 있으며, 한국의 뜨거운 교육열을 감안할 때 이러한 추세는 지속될 것으로 판단된다.

이러한 효과로 대치동 학원가의 주변 아파트인 도곡렉슬, 대치아이파크 등의 부동산 시세는 2017년에는 30평대를 기준으로 실거래가가 10억 중반에서 2020년에는 20억 후반대로 2배 이상 상승했으며, 전세가의 상승세도 멈추지 않고 있다. 게다가 2020년 6월부터 시행된 토지거래허가제 등 강화된 규제들은 대치동 학군으로의 진입에 적지 않은 부담으로 작용할 것으로 예상된다.

명문중학교의 성지 – 양천구 목동

서울 서부권의 목동 학군은 명문중학교가 다수 포진해 있는 것으로 유명하다. 목동은 1980-1988년까지 추진된 신시가지 사업에 의해 양천구 목동과 신정동 일대에 대규모 아파트를 건설하면서 계획된 지역이다. 이 사업으로 인해 목동 신시가지 아파트 단지들이 들어섰으며 행정구역상 목동에 속하는 1-6단지를 앞단지, 신정동에 속하는 7-14단지를 뒷단지라고 부르게 되었다.

목동 학군은 1-6단지와 지금도 유명한 월촌중, 신목중 등을 중심으로 형성되었다. 2000년 이후부터는 고급 주상복합아파트가 지어지면서 목운중 같은 새로운 명문학교도 생겨나게 되었다. 현재의 목동 학군은 기존의 신시가지 14단지 외에도 다양한 아파트가 입주를 시작하며 신정동, 신월동까지 넓게 확장되었다.

목동 학군은 학령인구(5-19세) 비율이 높은 편이다. 강남은 주거지역, 오피스지역, 상업지역이 혼재되어 있는 반면, 목동은 순수하게 주거가 목적인 사람들을 중심으로 30-40대의 거주가 많은 편이다. 어렸을 때부터 목동에서 자랐거나 부모님이 목동에 사는 경우로 젊은 층이 많이 살고 있으며 서울 서부권인 여의도, 신도림 등에 직장을 가지고 있는 맞벌이 부부들의 거주도 많다. 또한 오로지 교육을 목적으로 이사를 오는 부모까지 더해져 있다.

서울시 전체 지역의 학령인구 비율이 12%인 것에 비해 목동 학군은 16%로 높은 편이다. 학교당 학생수에 있어서도 타지역에 비해 독보적으로 높은 밀집도를 보이고 있다. 서울특별시 중학교 전체의 평균 한 학년 학생수가 220명인 반면 목동 학군은 한 학년에 300명 이상인 학교가 전체 19개 중 12개일 정도로 학생수가 많은 편이다. 명문학교로 소문난 목운중, 월촌중, 신목중, 목일중 등은 학생수가 400-500명을 훌쩍 넘기도 한다. 대치동 학군의 명문중학교들도 학생수가 많아야 300명 내외이다.

목동 학군이 분포하고 있는 양천구의 학원가 매출은 2019년을 기준으로 5,025억 원 수준이며 전국 시군구 규모로는 전국에서 7번째이다. 2016년과 비교하면 4,431억 원에서 약 13% 증가했으며, 학원수도 약 1,400개로 약 100개가 증가한 수준이다. 목동 학군의 학원가는 주거지역 상가를 중심으로 광범위하게 분포하고 있는데 대표적으로 목동 신시가지 앞단지 광장상가 인근 목5동과 목1동 오목교역 주변 주상복합아파트 인근 그리고 양천구청 인근 신정1동 상가에 입점한 학원가를 꼽을 수 있다. 3개 지역을 중심으로 학원가가 형성되고 있으며 매출 및 점포수도 늘어나고 있다.

목동 학군의 가장 큰 강점은 서두에 언급했듯이 중학교의 학업성취도와 특목고 진학률 부문에서 강남 못지않은 발군의 경쟁력을 가

순위	위치	중학교	2016년 국가수준 학업성취도 평가 (보통학력이상)					2019년 특목고 진학		
			응시자	평균	국어	영어	수학	졸업자	진학률	진학수 (과고/외고,국제고)
1	광진구	대원국제중	164명	100.0%	100.0%	100.0%	100.0%	156명	32.1%	50명(5/45)
2	강북구	영훈국제중	157명	98.3%	98.7%	100.0%	96.2%	159명	15.7%	25명(3/22)
3	강남구	대왕중	298명	97.6%	99.0%	97.7%	96.3%	284명	1.8%	5명(0//5)
4	광진구	광남중	389명	97.6%	99.0%	97.2%	96.7%	383명	3.1%	12명(0/12)
5	강남구	압구정중	152명	97.6%	98.7%	98.0%	96.1%	140명	4.3%	6명(1/5)
6	송파구	오륜중	269명	97.2%	98.9%	98.5%	94.4%	201명	8.5%	17명(1/16)
7	강남구	대청중	329명	97.1%	97.0%	98.8%	95.7%	345명	2.6%	9명(2/7)
8	양천구	목운중	484명	96.4%	98.4%	96.9%	94.0%	443명	5.6%	25명(4/21)
9	양천구	월촌중	501명	95.8%	97.4%	96.2%	93.8%	487명	7.8%	38명(7/31)
10	서초구	서운중	348명	95.5%	99.1%	95.7%	91.9%	336명	1.8%	6명(2/4)
11	강남구	대명중	343명	95.2%	97.7%	97.4%	90.7%	202명	5.0%	10명(8/2)
12	양천구	신목중	540명	95.0%	97.4%	94.6%	93.2%	436명	4.5%	21명(7/14)
13	강남구	신사중	141명	94.8%	97.2%	94.3%	92.9%	137명	5.8%	8명(3/5)
14	송파구	잠실중	402명	94.7%	96.8%	95.8%	91.5%	386명	4.1%	16명(5/11)
15	강남구	단대부중	191명	94.6%	94.2%	94.8%	94.8%	192명	2.1%	4명(1/3)
16	강남구	역삼중	376명	94.3%	98.2%	94.2%	90.7%	356명	3.9%	14명(4/10)
17	종로구	상명사대부여중	128명	94.2%	100.0%	94.5%	88.3%	96명	8.3%	8명(0/8)
18	강남구	도곡중	221명	94.2%	96.8%	95.5%	90.5%	268명	6.0%	16명(8/8)
19	강남구	구룡중	230명	94.2%	97.4%	95.2%	90.0%	213명	2.3%	5명(2/3)
20	양천구	봉영여중	199명	94.1%	98.5%	95.0%	88.9%	178명	0.6%	1명(0/1)

출처: 학교알리미

학업성취도를 2016년 기준 자료로 활용한 이유는 이 해가 전체학생을 기준으로 평가한 마지막 시점이기 때문이다.

상위 20위 중학교 학업성취도, 특목고진학률 비교표

지고 있다는 점이다. 강남의 학업성취도와 특목고 진학률을 교차해서 비교해보면 양천구 내 19개 중학교 중 11개에 해당하는 학교가 강남구의 사정권 아래에 있다. 2016년 학업성취도 평가 상위 20위 안에 목동 학군 내 총 4개 학교(목운중학교, 월촌중학교, 신목중학교, 봉영여자중학교)가 속해 있으며, 국영수는 평균 94% 이상의 높은 점수를 기록했다. 이 학교들은 2019년을 기준으로 특목고 진학률이 4-7% 이상을 기록했으며 한 학교에서 한 해에 과학고와 외고를 20-30명 내외로 진학시킬 만큼의 저력을 가지고 있다.

목동 학군은 대다수의 아파트가 재건축 이슈에 해당될 정도로 연식이 오래되었고 부동산 정책 이후로 높아진 매매 및 전세가가 부담으로 작용하긴 하지만 조용하고 유해시설 없는 안전한 주거지역에서의 교육을 원하는 부모들에게 지속적으로 그 매력을 어필해나갈 것으로 예상된다.

강북의 자존심 – 노원구 중계동

흔히 한국의 유명 학군을 설명할 때 앞에서 언급한 2개의 학군을 포함한 일명 '3대 학군'이라는 표현을 많이 사용한다. 이번에 언급할 학군은 그 마지막 주인공으로 강북에 위치한 노원구 중계동 학군이다. 앞에서 설명한 학군 대비 저렴한 집값으로 인해 인근지역의 중산층 주민이 가장 많이 진입을 희망하는 학군이기도 하다.

중계동 학군 내 학원의 중심은 '은행사거리'이다. 각종 대형 은행들이 밀집해있어서 은행사거리라는 별칭을 가지고 있지만 은행보다 많이 몰려 있는 것은 다름 아닌 학원이다. 은행사거리 학원가가 걸쳐 있는 중계1동과 중계본동의 학원수는 2019년을 기준으로 약 370개로 2016년에 비해 약 16개 증가했다. 학원 업종의 시장규모는 2016년에는 1,307억 원에서 매년 감소하다가 2019년에는 1,340억 원으로 다소 회복했다. 강남과 목동 학군이 매년 지속적으로 성장하는 것에 비해 성장세는 더딘 편이다.

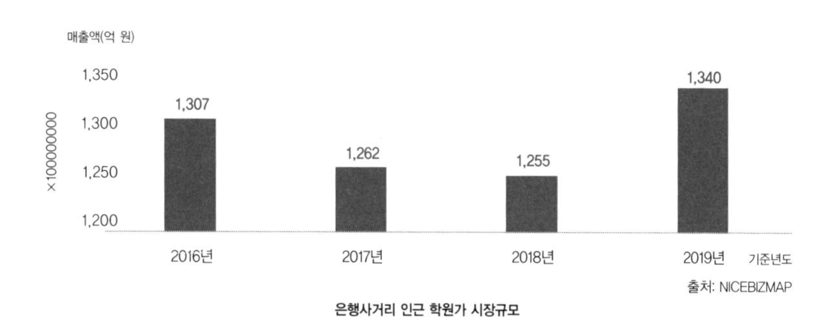

은행사거리 인근 학원가 시장규모

중계동 학군의 중학교는 타학군에 비해 학업성취도가 두드러지게 높은 수준은 아니지만 대학입시에서는 큰 강점을 보이고 있다. 입시의 척도로 볼 수 있는 서울대 진학이 꾸준히 있고 연세대, 고려대 등의 명문대 진학도 많은 편이다. 대표적인 명문 고등학교인 서라벌고, 대진고, 재현고의 경우, 2020년 대입에서 서울대 합격자를 7-8명 배출하면서 전국 100위권 안에 들었다. 그 외에 청원고, 영신여고, 대진여고 등도 입시성적이 우수한 편이다.

중계동 학군은 노원역, 하계역에서 다소 거리가 멀고 대중교통이 불편한 지역에 위치해 그야말로 '학주 근접'이라는 말이 잘 어울리는 지역이다. 또한 중랑천으로 이어지는 수변환경과 큰 규모의 근린공원도 다수 존재해 교육과 더불어 자녀를 양육하는데 쾌적한 주거환경을 가지고 있다.

대치동, 목동 학군이 역세권의 혜택을 받는다면 오히려 중계동 학군은 역에서 떨어진 비역세권 아파트의 선호도가 높고 집값도 훨씬 비싸다. 대표적으로 은행사거리 학원가를 근거리에 둔 을지초 배정 아파트에 해당하는 중계청구3차아파트는 중계역에서 가까운 중계그린아파트에 비해 거래가격이 약 2배 높다.

그렇다고 해도 서울의 타지역 학군에 비하면 집값이 상대적으로 저렴한 편이다. 최근 규제로 인한 풍선효과로 중계라이프아파트에서는 노원구 최초로 15억 원이 넘는 실거래가가 나오며 가파른 상승세를 타고 있긴 하지만 강남과 목동 등에 비해서는 아직 그 상승폭이 크지 않은 편이다. 중계동 학군은 대부분의 학군 내 단지들에 해당되는 재개발 이슈와 더불어 동북권 경전철 개발로 인한 지역발전의 전망도 밝기에 교육과 더불어 가성비 좋은 재테크의 목적으로도 고려해볼 만한 지역이라 할 수 있다.

떠오르는 신흥학군 – 마포, 해운대, 세종, 연수(송도), 화성(동탄), 전주, 창원

일반적으로 집값이 높고 소득이 높은 지역일수록 양질의 학군이 빠른 속도로 형성되곤 한다. 최근에는 전통적인 학군지역 외에도 신도시와 대형 재개발 지역으로 중산층의 젊은 부부들이 둥지를 틀면서 신흥학군으로 떠오르는 지역들이 생겨났다. 이에 따라 새로 떠오르는 7개 지역을 선정해보니 이들 사이에는 두 가지 공통점이 있었다.

첫째, 신흥학군이 포함된 시군구의 평균 소득이 해당 광역시도 수준을 크게 웃돌고 있다. 특히 부산시 해운대구, 인천시 연수구, 경기도 화성시 등은 타지역 대비 소득이 10-30%대까지 높다.

광역시도	평균 소득(만 원)	신흥학군 시군구	신흥학군 평균 소득(만 원)	광역시도 대비 신흥학군 소득
서울시	4,148	마포구	4,479	8.0%
부산시	3,406	해운대구	4,230	24.2%
인천시	3,270	연수구	4,330	32.4%
세종시	4,292	세종시	4,292	0.0%
경기도	3,706	화성시	4,346	17.3%
전라북도	3,285	전주시	3,524	7.3%
경상남도	3,475	창원시	3,746	7.8%

광역시도 대비 신흥학군 평균 소득 출처: 국세청, NICEBIZMAP

둘째, 신흥 학군의 2019년 시장규모 및 학원수가 2016년 대비 30% 이상 성장할 정도로 학원가가 급속도로 형성되고 있다.

광역시도	신흥학군	시장규모(억 원)	시장규모 증감율	학원수	학원수 증감율
서울시	마포구	2,864	2.0%	854	25.3%
부산시	해운대구	1,513	46.2%	743	30.3%
인천시	연수구	2,402	19.9%	872	26.0%
세종시	세종시	1,268	188.1%	713	147.2%
경기도	화성시	4,164	59.3%	1,656	50.4%
전라북도	전주시	2,472	43.0%	1,426	27.2%
경상남도	창원시	3,196	39.8%	1,618	32.3%

신흥학군 학원가 시장규모 및 학원수 출처: 국세청, NICEBIZMAP

1. 서울시 마포구

서울시 마포구는 2010년대 이후 대규모 재개발을 통해 아현동, 염리동, 공덕동 등에 신축 아파트가 대거 들어서며 서울 중심부의 대기업에 재직중인 고소득 맞벌이 부부의 입주가 많아진 지역이다. 아직까지 입시성적 등의 결과적인 측면에서 크게 두각을 드러내지는 않았으나, 2019년의 과학고, 영재학교 합격자 비율이 0.7%로 강남(1.5%), 서초(1.3%), 광진(0.9%), 노원(0.9%), 송파(0.8%), 양천(0.8) 다음으로 높아, 향후 성장이 기대되는 지역이다.

마포구 학원가는 주거지역에 다소 따라 산발적으로 분포되어 있으나, 최근에는 대흥동을 중심으로 규모가 큰 입시학원가가 형성되고 있다. 대흥동의 학원수는 2016년에 약 30개에서 2019년에 약 50개로 증가했으며, 세부적으로는 입시학원과 어학원 위주로 학원가가 형성되어 있다. 최근에는 90년대 입시교육의 명가였던 종로학원의 강북본원이 마포구에 자리를 잡아 화제가 되었는데, 대형학원들이 유사지역에 밀집하는 경우가 많다는 점을 고려할 때 차후 명문학원의 유입은 계속될 것으로 기대된다.

2. 부산시 해운대구

부산시 해운대구도 높은 소득수준에 힘입어 지속적으로 성장할 전망이다. 해운대구의 1인당 연평균 소득은 4,230만 원으로, 부산 시군구 중에서 가장 높다. 서울의 부동산 상승률에는 못 미치지만 거래가격이 계속 상승하고 있으며 해변가에 들어선 고층 아파트의 시세는 20억 원 이상을 넘는 등 부촌을 이루고 있다.

2019년을 기준으로 해운대 학원가의 시장규모는 1,513억 원 수준으로 2016년에 비해 46.2% 성장했다. 모든 행정동의 학원가 매출이 증가하고 있으며, 특히 우2동과 좌2동의 시장규모가 큰 편이다. 이에 힘입어 최근 3년간 마린·센텀시티 우동과 좌동 해운대 신시가지의 중학교 학업성취도가 높아지고 있는 점은 주목할 만하다.

3. 세종시

세종시는 수도권 행정기관의 이전을 목적으로 2012년에 우리나라의 17번째 광역단체로 출범했다. 수도권에 분포하고 있는 공무원들의 대대적인 이주를 통해 도시 인프라가 빠른 속도로 갖춰지고 있다. 아직 초기 단계로 세종영재고 외에 대입입시에서 두각을 나타내는 학교수는 많지 않다. 타지역의 학원 평균 운영기간이 5.7년 이상인데 비해 세종시는 2.6년에 불과하다. 하지만 학원가가 매년 폭발적인 성장세를 보이고 있어 곧 의미 있는 학군이 형성될 것으로 보인다.

4. 인천시 연수구(송도)

인천시 연수구는 신도시가 만들어지고 전입이 급증하면서 학군이 형성되고 있는 지역이다. 2019년을 기준으로 학령인구(5-19세)의 순이동(전입-전출)은 통계상으로 2,776명이었으며, 최근 몇 년간 큰 증가 추세를 보이고 있다.

인천시 연수구의 송도 국제 신도시는 이미 명문학군으로 정평이 나 있다. 최근 송도동에 있는 중학교 4개의 학업성취도가 모두 평균 92%를 넘어 화제가 되었으며, 채드윅 송도국제학교, 포스코 자사고 같은 명문 고등학교도 자리하고 있다. 송도동 내 학원가의 시장규모는 2019년을 기준으로 1,658억 원, 학원수는 512개로 지속적으로 성장중이다.

5. 경기도 화성시(동탄)

경기도 화성시도 신도시가 만들어지고 전입이 급증하면서 학군이 형성된 지역이다. 2019년을 기준으로 학령인구의 순이동이 6,454명으로 몇 년간 크게 증가하고 있다.

경기도 화성시는 동탄신도시의 영향으로 학군이 성장하고 있다. 주변에 위치한 삼성전자 등의 대기업과 연구소의 영향으로 주민들의 소득이 높으며, 이에 따라 학원가도 엄청난 속도로 성장을 거듭하고 있다. 특히 동탄2신도시의 학원매출 성장률은 2016년 대비 390%를 기록하며 폭발적인 성장세를 보이고 있다.

6. 전라북도 전주시

전라북도 전주시는 2020년에 서울대 합격자수 4위를 기록한 상산고가 있는 지역이다. 수시 11명과 정시 26명으로 무려 37명의 서울대 합격자를 낸 상산고는 2019년에 자사고 취소, 재지정 이슈로 유명세를 탔다. 또한 수학 교재의 영원한 베스트셀러인 〈수학의 정석〉 시리즈의 저자 홍성대 이사장이 설립한 학교로 많은 화제를 모으기도 했다. 전주는 자연히 상산고가 위치한 완산구 내에 학군이 발달해있으며, 서신동과 중화산동의 학원가가 발달해 주변에 학원 라이딩을 하는 부모들을 많이 볼 수 있다.

7. 경상남도 창원시

경상남도 창원시는 지역경제가 다소 침체기에 있는 관계로 전입보다는 전출이 많은 지역이지만 학군과 학원가의 시장규모는 약 30% 성장하며 명맥을 유지하고 있다. 성산구 상남동의 학원가는 2019년을 기준으로 학원업종 시장규모가 656억 원으로 가장 크게 발달했으며, 그 뒤를 반송동이 뒤따르고 있다. 마산회원구의 양덕동, 의창구의 팔룡동, 진해구의 석동도 학원가가 잘 발달한 편이다.

지피지기면 백전백승: 나의 상황에 맞는 학군을 선택하자

당신이 현대판 맹모삼천지교의 주인공이라면 어떤 선택을 내릴 것인가? 앞에서 중점적으로 설명했듯이 한국을 대표하는 학군은 각각의 특징을 갖고 있다. 강남구 대치동에는 사교육 인프라, 양천구 목동에는 명문중학교가 형성되어 있고 노원구 중계동에는 명문고등학교, 학주근접 환경이 갖춰져 있으면서 집값 가성비가 뛰어나다는 특징이 있다.

수도권에 살거나 그렇지 않더라도 서울의 집값이 부담스럽다면 인천시 연수구(송도)나 경기도 화성시(동탄) 같은 신도시가 좋은 대안이 될 것이고, 공무원이라면 세종시의 성장세에 희망을 걸어보아도 좋을 것이다. 소득이 일정 이상 받쳐 준다면 부산시 해운대구나 경남 창원시도 괜찮은 선택이 될 것이다. 이도 아니라면 최고의 전문가가 있는 전북 전주시도 고려해볼 만하다.

결국 맹목적인 주변 분위기에 편승해 특정 학군을 추종하기 보다는 각자의 상황을 고려해 학군을 선택하는 과정이 필요할 것으로 보인다. 구체적으로는 아이의 성향, 경제적인 여건, 직장과의 거리 등과 매칭해보는 것이 중요하겠다.

앞으로도 한국의 교육열은 계속해서 열기를 더해 갈 것이며 그에 따라 현재 그 열기를 대변하는 학군에 대한 관심도 이어질 것으로 보인다. 이러한 시점에서 전통학군과 신흥학군에 대한 정확한 정보를 잘 파악하고 각자의 상황에 맞는 선택을 해나가기 바란다. 데이터는 우리에게 합리적인 판단을 할 수 있는 기회를 제공하고 있다.

2부는 ‘현장에서 필요한 데이터 경험담’을 주제로 데이터 분석가(6장), 운영자(7장), 과학자(8장) 그리고 데이터를 가진 CEO(9장)에게 도움을 줄 수 있는 이야기를 담았다. 기존의 도서에서 학습이론이나 최신 기술들을 다루는 경우는 많지만 실제 업무나 의사결정 과정에서 필요한 경험담을 얻기는 어렵기 때문에 별도로 구성했다. 데이터 회사에서 어떤 일을 하느냐는 질문에 보다 구체적이고 전문적인 답을 준다고도 할 수 있겠다.

먼저 6장은 데이터 분석가가 하는 일에 대해 이야기한다. 분석가들이 가정을 세우고 근거가 될 만한 데이터를 찾다보면 그렇게 해서 모인 데이터의 패턴에서 생각지도 못한 발견을 할 때가 있다. 이런 과정을 수없이 반복하면서 분석능력을 기른다. 특히 흔히들 말하는 데이터에서 인사이트를 찾기 위해서는 기본적으로 갖춰야 하는 역량이 있다. 이제 막 데이터 분석에 입문한 신입사원들은 이 점에 유의해 해당 내용을 읽어보기 바란다. 다음으로 7장은 데이터 운영자가 하는 일에 대해 이야기한다. 사실 데이터 과학자를 꿈꾸는 신입의 절반 이상은 데이터 운영자가 된다. 그게 현실이다. 묵묵히 데이터를 만들어내는 데이터 운영자들의 일을 간과하기 쉽지만 다양하고 방대한 데이터를 어떻게 모으고 관리할 것인지 고민하는 그들이 있기에 데이터가 활용되고 새로운 서비스를 개발할 수 있다. 묵묵히 데이터를 만들어내는 일이 어떤

2부

것인지 확인할 수 있는 계기가 되기를 바란다. 데이터 과학자를 꿈꾸는 예비 데이터 전문가는 물론이고 현장에서 잔뼈가 굵은 데이터 운영자에게도 전문분야로서 도움이 되는 내용이 었으면 한다. 8장은 5년 이상의 경력을 가진 데이터 과학자들을 위한 현장 관점의 쓰디쓴 조언을 담았다. 이미 일정 수준에 도달한 현장 근무자라면 충분히 공감할 수 있는 내용이고 예비 데이터 과학자라면 놓치면 안 될 중요한 경험들이다. 조직에서는 현장 경험이 많은 데이터 과학자야말로 데이터를 원유처럼 쓸 수 있다. 데이터를 단지 검은 액체로 만들지 않으려면 이 장의 내용을 명심하기 바란다. 마지막으로 9장은 "우리 회사도 본격적으로 데이터 비즈니스를 시작해보고 싶다"라고 마음먹은 CEO들이 지금 알아야 할 것들에 대해 이야기한다. CEO 입장에서는 당장의 수익과 사업이 중요하겠지만 데이터 비즈니스를 '왜' 해야 하는지에 대한 이해는 반드시 필요하다. 최근 '디지털 트랜스포메이션' 해야 한다는 말을 자주 들었을 것이다. 사람들 사이에서 자주 회자되는 것들은 언젠가 내게도 찾아온다. 게임에서나 듣던 메타버스가 현실이 되듯 말이다. 이제 데이터를 활용한 디지털 트랜스포메이션은 누가 먼저 하느냐의 문제이지 더 이상 피할 수 있는 문제는 아닌 듯하다. 적극적으로 대응하지 않으면 머지않아 사랑하는 회사도, CEO라는 타이틀도 잃을 수 있다.

6장

데이터 인사이트를 찾기 위해 필요한 모든 것

정진관

데이터 분석을 해보겠다는 주위 사람들은 흔히 이런 질문을 던지곤 한다. 신입사원 면접을 보면서 많이 받는 질문들도 대개 비슷하다.

"제가 입사하면 어떤 데이터를 분석하나요?"
"어떤 고객이 요청하는 일을 하나요?"
"어떤 문제를 해결하기 위해 데이터 분석 컨설팅을 하나요?"

데이터는 크게 정형화된 데이터(분석하기 쉽게 잘 정리된 데이터)와 비정형화된 데이터(소리, 이미지, 텍스트 등 분석을 위해 추가적인 처리가 필요한 데이터)로 나뉜다.

고객은 공공기관(정부, 지방자치단체, 공사 등), 금융기관(은행, 카드사, 캐피털사, 저축은행, 대부업, 보험사 등), 일반기업(유통사, 제조사, 프랜차이즈 등) 등 매우 다양하고 분석을 요청하는 고객사만큼 분석해야 할 데이터의 특성도 각기 다르다.

해결해야 할 문제와 고객사의 요구사항도 고객사수나 분석해야 할 데이터 특성에 따라 얼마든지 다양해질 수 있지만 크게 두 가지로 나눌 수 있다. 하나는 답이 있는 경우고 다른 하나는 답이 없는 경우이다. 이 둘의 차이는 무엇일까?

"데이터 분석도 수학, 통계학을 기초로 하고 컴퓨터를 통해 값을 산출하니 답은 항상 존재하는 것 아닌가요?"라고 반문할지도 모르겠다. 쉽게 말해 수학문제로 접근했을 때, '1+1=?'와 같이 답이 한 가지인 경우, 부정, 불능 같이 답이 없는 경우, 또는 답이 여러 개인 문제도 존재한다고 볼 수 있다. 수학에서는 '답이 없다'라는 답도 답으로 인정받을 수 있다.

그럼 정말 답이 없는 경우는 무엇일까? 이 또한 몇 가지로 나누어 볼 수 있다. 하나는 정답을 모르는 경우이다. 고객사도 모르고 분석가도 모른다. 이럴 때는 단순·탐색적 분석이나 데이터 마이닝*을 통해 해결책을 제시할 수밖에 없다.

대표적인 예가 바로 '맥주와 기저귀' 사례이다. 미국 월마트는 기저귀를 구매하는 고객이 맥주를 같이 구매하는 확률이 높다는 것을 영수증 데이터로 확인하고 이 둘을 가까운 위치에 진열해 매출을 올렸다. 이런 연관분석을 유통업계에서는 장바구니 분석Market Basket Analysis이라고도 부른다**.

하지만 이러한 해결책을 얻자고 많은 비용을 들여 데이터 분석 컨설팅을 받는 것은 아니다. 대부분의 경우는 분석을 요청하는 고객사의 업무 담당자가 머릿속에 생각하는 답이 있다. 그 답은 소위 가설이 되고 그 가설이 데이터 분석을 통해 증명되는 과정을 거치면 비로소 문제가 해결되는 것이다. 다만 그 답을 증명하기 위해 적합한 데이터를 찾고, 정리하고, 적절한 통계분석방법을 적용하는 것이 데이터 분석가가 해야 할 일이다.

우리는 데이터 분석을 통해 인사이트를 찾는다는 표현을 많이 사용한다. 분석가를 꿈꾸는 사람들 중에는 통찰력을 갖고 데이터에서 인사이트를 찾아내는 게 대단한 성과라고 생각하는 경우가 많다.

* 과거 데이터에 숨겨진 패턴과 관계를 찾아내 미래에 실행 가능한 정보를 추출하고 의사결정에 이용하는 과정으로 데이터베이스 마케팅의 핵심기술에 해당된다.

** CRM(Customer Relationship Management, 고객관계관리) 성공사례로 자주 언급되지만 실제로는 NCR이라는 조사회사에서 Osco Drug이라는 드럭스토어 데이터를 분석하면서 발견한 것으로, 정교한 데이터 분석의 결과가 아니다. 실제로 이러한 분석결과가 적용된 사례는 없으며 관련된 많은 사람들을 통해 전설처럼 구전된 것이다.

하지만 이러한 인사이트를 찾는 과정에는 도메인 지식*이라는 것이 필요하다. 문제해결을 요청한 고객사의 업무 특성과 관련된 지식을 알아야 한다는 뜻이다.

예를 들어 같은 제조사라도 술, 담배, 초콜릿 등 생산하는 품목에 따라 서로 다른 도메인 지식이 필요하다. 도메인 지식이 없는 데이터 분석가가 데이터에서 인사이트를 찾는 작업은 답이 없는 문제에 탐색적 분석을 하는 경우와 다를 바 없다. 장님이 코끼리를 만지듯이, 데이터의 결과적 수치에 기대서 멋대로 추측하는 것이다.

도메인 지식

상당수의 문제해결을 위해서는 도메인 지식이 필요하다. 그래서 면접 때 반드시 물어보는 질문 중 하나가 "분석 컨설팅 업무를 위해 고객사를 고를 수 있다면 어떤 고객사의 데이터 분석을 해보고 싶은가요?"이다.

보기를 서울시(공공기관), 오비맥주(제조사), CU(편의점), KB카드(금융기관) 등으로 들면 다수의 지원자가 편의점을 선택한다. 왜냐고 물으면 편의점은 자주 가니까 친숙하고 왠지 많이 아는 것 같고 또 재

* 특정 산업 영역에서 축적된 지식.

미있을 것 같다는 것이다.

물론 공공기관이나 금융기관 등을 선택하는 경우도 있다. 지원자가 관련 기관에서 인턴을 했거나 자격증 공부를 한 이력이 있어 자신이 해당 분야에 대해 어느 정도 알고 있다고 생각해 선호하기도 한다.

어느 누구도 처음부터 해당 분야의 도메인 지식을 가지고 태어난 사람은 없다. 도메인 지식은 차근차근 업무를 익히면서 축적된 경험의 산물이기 때문에 시간이 필요하다.

결국 데이터 분석가는 이미 충분한 지식을 가지고 있는 그 분야의 전문가에게 의존할 수밖에 없고 그런 전문가는 문제를 해결해달라고 요청한 고객사의 업무 담당자일 가능성이 높다. 물론 학문적으로 조예가 깊은 교수님이나 컨설팅 경험이 많은 선배의 도움이 필요할 때도 있다.

앞에서 얘기했듯이 대부분의 데이터 분석을 통한 문제해결을 요청하는 컨설팅 업무는 아이러니하게도 고객사에서 답을 가지고 있는 경우가 많다. 보통 그들의 풍부한 경험과 지식(전문가의 '감'이라고 할 수 있다), 과거 설문조사 등의 자료를 기반으로 내린 결론 또는 고객사에서 가고자 하는 전략적 방향에 의해 비롯된 것일 수도 있다.

즉, 많은 문제에서 가설은 고객사의 요구사항에 의해 정해진다고 볼 수 있다. 이러한 가설을 검증하는 분석과정에서 뜻대로 결과값이 잘 나와 준다면 쉽게 분석이 마무리되는 것이다.

그렇다고 항상 분석결과가 원하는 대로 나오는 것은 아니다. 이 경우에는 데이터를 의심해봐야 한다. 원천 오류, 전처리 오류 또는 혹시 모를 분석에서의 실수 등을 다시 한번 점검을 통해 확인하는 것이다. 그렇게 해서 데이터 및 분석과정에서 오류가 없다는 확신이 생기면 이제 해석의 영역으로 넘어 간다.

통계적 지식

이 해석의 영역에서는 도메인 지식과 더불어 데이터 분석가의 직관이 필요하다. 도메인 지식은 앞에서 설명했듯이 결국 그 분야의 전문가의 도움이 필요한 영역이다. 데이터 분석가의 직관은 다양한 분석경험과 더불어 통계적 지식이 뒷받침되어야 한다. 기계적으로 통계 패키지(SAS, SPSS, R 등)를 활용해 회귀분석, 판별분석, 군집분석 등의 통계적 분석을 하는 것을 넘어 결과로 나온 수치를 분석하고 그 결과가 어떤 의미를 갖는지, 유의미한 것인지 등을 판단하고 설명할 수 있어야 한다.

이러한 통계적 지식이 잘못 사용된 사례로 데이터 분석가들 사이에서 가장 흔하게 이야기 하는 것이 '상관관계'와 '인과관계'이다.

상관관계

상관관계는 두 변수 간의 변화가 서로 연관이 있는지를 살펴보는 통계적 분석이다. 다시 말해 설명변수(X값)가 증감할 때 종속변수(Y값)가 어떻게 변화하는지를 살펴보는 분석이다. X값이 증가할 때 Y값도 따라서 증가하면 양(+)의 상관성을 가진다고 말하고 X값이 증가할 때 Y값이 따라서 감소하면 음(-)의 상관성을 가진다고 말한다. X값이 변화할 때 Y값에 변화가 없다면 상관성이 없다고 말한다.

인과관계

인과관계는 두 변수 간의 변화가 원인과 결과로 설명이 가능한지 살펴보는 통계적 분석이다. 설명변수(X값)의 발생 또는 변화가 종속변수(Y값)의 발생 또는 변화에 영향을 주는지를 살펴보는 것이다. 이 경우는 상관관계와 달리 먼저 발생한 X값이 뒤에 발생하는 Y값에 영향을 주는 선후관계가 있어야 한다. 이는 회귀분석 등을 통해 분석할 수 있다.

보통 분석가들이 많이 오용하는 것이 위 두 가지 분석이다. 대표적인 경우가 상관분석을 통해 편의점의 맥주 판매량이 날씨(기온)와 양(+)의 상관관계를 가진다는 것을 확인한 후, "기온이 올라가면 맥주 판매량이 증가한다"는라 인과관계의 해석을 결론으로 도출하는 것이다. 실제 맥주 판매량은 날씨와 상관관계가 있으나 설명하기 어려운 부분이 많다. 우리가 알고 있는 상식으로는 날씨가 더워지는 여름철에 맥주를 많이 구매할 것 같지만 판매량으로 보면 나들이철인 봄, 가을의 판매량도 못지않다. 오히려 너무 덥거나 추운 날에는 사람들의 외출이 줄어 맥주 판매량도 줄어드는 현상이 나타나기도 한다.

이렇듯 두 변수 간의 상관관계만 놓고 인과성을 논하는 오류를 범하는 이유는 이것이 모두가 아는 상식이라고 생각해 잘못된 판단을 내리기 때문이다. 연령과 모바일 채널 판매량, 유동인구와 상권매출 등 경험적으로 상관성이 있다고 분석한 관계를 인과관계로 설명하는 것이다. 하지만 상관성이 있다고 해서 반드시 인과적 관계가 있는 것은 아니다. 시간적인 선후관계가 있는지 또는 통제되지 못한 다른 변수들이 영향을 주고 있는지 등을 살펴야 한다. 인과관계를 분석하기 위해서는 다른 상황변수를 통제하고 분석해야 되는 어려움이 있어 생각보다 원하는 결과를 내기 쉽지 않다.

또 하나는 변수의 값이 없어 이를 처리하기 힘들기 때문에 오류가 발생하기도 한다. 이 경우는 결측치를 어떤 값으로 대체해 분석할지에 대해 고민해봐야 한다.

대표적인 예로 마케팅 프로모션의 매출효과를 확인하기 위해 단순분석을 수행하는 경우이다. 프로모션 기간 내에 판매량을 프로모션 이전 기간, 전년도 동기간, 프로모션 이후 기간 등으로 나누어 비교하면서 판매량이나 매출의 변동을 살펴보고 프로모션의 효과를 수치화하는 분석이다.

데이터를 분석하다보니 매출이 '0'인 매장이 있다고 가정해보자. 프로모션이 판매량의 증가에 영향을 주지 못했거나 오히려 음(-)의 방향으로 영향을 줬다는 결과가 나온다면 분석가는 통제되지 않은 다른 외부환경이나 경쟁사 등의 변수에서 원인을 찾으려고 할 것이다.

만약 매장에 제품이 진열되지 않았거나 매장의 재고관리 실패로 제품이 없어서 판매가 되지 않은 경우라면 판매량 '0'은 '0'이 아닌 다른 의미로 처리되어야 한다.

특히 금융권에서 하는 신용리스크 평가를 할 때, 결측치 처리는 항상 고민거리이다. 간단한 예를 들어보자. A라는 사람은 대출과 신용카드를 많이 사용하면서 연체를 한 번도 하지 않았고 B라는 사람은 애초에 남의 돈을 빌리는 것(신용공여)을 싫어해서 한 번도 대출이나 신용카드를 사용하지 않은 사람이다. 과거 연체 횟수나 일수가 많으면 신용도가 낮을 거라는 일반적인 상식으로 보면 두 사람은 연체 경험이 없으므로 우수한 신용도를 보여야 한다.

하지만 B라는 사람의 연체 횟수나 일수는 '0'라는 값보다 'null(결측)'이 맞고 이러한 사람들은 '0'을 갖는 사람보다 신용도가 낮다. 즉, 'null'은 '0'으로 치환될 수 있는 경우와 그렇지 않은 경우로 나뉘며 이와 같은 문제를 해결하기 위해서는 결측치 처리방법에 대한 다양한 통계적 지식이 필요하다.

데이터 분석방법에 대한 이해

데이터를 가지고 수행하는 분석 컨설팅 작업에는 크게 3가지 분석 방법이 주를 이룬다. 바로 분류, 추정, 예측이다. 각각의 방법에 따라 분석결과에 대한 해석이나 활용방법 등도 다르다.

분류

데이터를 가지고 분석을 할 때 가장 흔하게 접하는 업무 중 하나가 분류이다. 분류는 단순히 사진 데이터를 가지고 사과인지 바나나인지 구분하거나, 음성 데이터를 가지고 목소리의 당사자가 남성인지 여성인지, 어른이지 아이인지 구분하는 것부터 사과가 과일인지 채소인지, 단맛인지 신맛인지, 단단한 식감인지 부드러운 식감인지를 구분할 수도 있다.

특히 편의점에서 판매되는 제품의 경우는 다양한 분류체계로 나누어 분석을 진행할 필요가 있으며 분류방법을 결정하는 일 또한 분석 컨설팅의 영역이다.

편의점에서 많이 팔리는 라면을 예를 들어보자. 우선 라면은 제조사(농심, 삼양, 오뚜기, 한국야쿠르트 등), 용기(컵라면, 봉지라면), 맵기의 정도(아주 매운맛, 매운맛, 순한맛), 제품의 특성(일반, 볶음면, 짜장면, 비빔면 등), 맛의 특성(소고기, 해물, 닭육수, 마라맛 등) 등 다양한 기준으로 분류할 수 있다. 분류가 선행되어야 소비자 기호 변화의 트렌드를 찾아내거나 고객 프로파일(성별, 연령대, 거주지역 등)에 따른 소비특성에 대한 분석이 가능하다.

분류는 데이터 전처리의 영역이기도 하지만 분석의 영역이기도 하다. 고객사의 업무 담당자는 통계분석방법을 통해 자신들이 보유하고 있는 제품을 어떻게 카테고리화할지 답을 얻고자하기도 한다. 이 경우는 리서치나 소셜 데이터 크롤링*을 통해 해당 제품에 대해 소비자들이 어떻게 인지하고 있는지에 대한 기초 데이터가 확보되어야 분류를 위한 분석이 가능하다. 단순 군집분석(클러스터링)부터 기계

* crawling. 무수히 많은 컴퓨터에 분산·저장되어 있는 문서를 수집해 검색 대상의 색인으로 포함시키는 기술.

학습(머신러닝)을 통한 분류까지 수행한다.

추정

추정은 부족한 데이터를 고려해 전체의 모습을 그려보는 과정을 말한다. 전체 데이터를 완벽하게 보유한 고객사는 없다. 다만 고객사가 보유한 일부 데이터와 파편화된 다양한 외부 데이터를 잘 조합하고 분석해 추정할 뿐이다.

계속해서 라면을 예로 들어보자. 라면 제조사가 제품별로 정확한 시장규모 및 점유율을 기반으로 영업전략을 수립하기 위해서는 추정이라는 과정을 거치지 않을 수 없다. 물론 다양한 리서치 기관에서 라면이라는 제품의 전체 카테고리별 시장규모 및 경쟁사 간 점유율 등에 대한 자료를 기사화하기도 하지만 기관 홍보를 목적으로 추정된 데이터를 제공하는 경우가 많기 때문에 이 또한 완전히 신뢰하기는 어렵다.

라면 제조사는 전체 시장, 경쟁 제조사별, 제품별로 과거와 현재 시장의 모습을 알고 싶어 한다. 물론 자기 회사의 생산 및 도매 판매량은 명확히 알고 있을 것이다. 제조사의 제품은 다양한 채널에서 판매된다. 온라인 쇼핑의 비중이 커지고 있긴 하지만 대형마트, 중소형 슈퍼마켓, 편의점 등에서 판매되는 라면의 양이 절대적으로 많고 외식업체(분식집)에 납품되는 경우도 무시할 수 없다. 이렇게 다양한 채널에서 수집된 판매 데이터를 모두 보유하고 있는 데이터 브로커가 존재한다면 추정이라는 작업은 필요하지 않을 것이다.

데이터는 파편화되어 있기 때문에 모든 데이터를 한곳으로 합하는 것 자체가 쉬운 작업은 아니다. 더불어 브랜드명이 잘 정리된 채널이 있기도 하지만 분식집에서 판매되는 라면은 떡라면, 만두라면 등 메뉴가 다양하기에 그 라면이 신라면인지, 진라면인지, 안성탕면인지 알 수도 없다.

이렇듯 전체 데이터를 수집한다고 해도 브랜드별, 제품 특성별 시장규모 등을 추정하는 작업은 반드시 필요하다. 부족한 데이터를 포함한 전체의 모습을 다양한 데이터를 기반으로 추정하는 작업은 단순 비율로 소위 데이터를 뻥튀기(배수화)하는 단순한 분석도 존재하지만 회귀분석 등을 통해 영향을 미치는 정보(X값)를 찾아 수식화(회귀식)하는 경우가 많다.

추정 작업 또한 업체가 속한 산업군에 대한 지식이 필요하며 채널별 특성에 대한 이해 등 해당 고객사와 관련한 도메인 지식은 필수적이다.

예측

사실 데이터 분석가들이 가장 꿈꾸는 모습은 과거와 현재의 데이터를 기반으로 미래를 예측할 수 있는 정확한 분석(모델링)을 내리는 것이다. 그렇기 때문에 예측은 모두가 관심 갖고 욕심을 내는 분석 영역이기도 하다.

통계학을 공부한 학생들이라면 한 번쯤은 거치는 과제가 로또 번호 예측이다. 45개의 공에서 6개를 뽑아서 완성되는 로또 번호는 과거 데이터가 있어 동일한 확률로 공이 뽑힌다는 가정 하에 현재까지 뽑힌 번호의 확률 등을 고려해 모델을 설정할 수 있다. 이렇게 예측한 모델이 정확했다면 통계학과 학생들 중 1등 당첨자가 많아야할 텐데 그런 이야기는 들어본 적이 없는 것 같다. 예측이 결코 쉽지 않다는 뜻이다.

로또 번호 예측 외에도 모든 분석가들이 가지는 로망이 하나 더 있다. 바로 주가지수 예측이다. 뛰어난 금융공학자 및 통계학자들이 많은 돈을 받고 하는 일이기도 하다. 퀀트Quant라고 해서 과거 패턴 분석 등을 기반으로 프로그램화된 기법을 통해 주식 매매를 진행하는 것도 요즘 각광받는 분야이다. 이는 고도화된 통계분석방법과 다양한 데이터를 기반으로 예측모델 하에서 인간의 판단을 대체하는 프로그램 매매를 진행하는 것으로 예측분석이 중요한 의사결정으로 이어지는 사례이다. 퀀트 매매를 통한 수익률이 평균적으로 인간의 매매 수익률보다 높다는 기사도 나오고 있다.

다시 라면 이야기로 돌아가보자. 라면 제조사의 업무 담당자는 추정된 데이터로 과거와 현재의 시장의 모습을 알고 나면 이제는 한 달 뒤, 분기 뒤, 일 년 뒤의 판매량을 예측해보자고 할 것이다. 정확하게 예측할 수만 있다면 생산관리(생산량 통제, 공장 가동일, 생산라인 변경 등), 재고관리 등에서 엄청난 비용을 절감할 수 있고 신제품 개발, 기존 제품 철수 등 마케팅 전략에서도 변화를 꾀할 수 있을 것이다.

이미 생산, 재고 담당자들이 각각의 노하우와 과거 데이터를 기반으로 최소한 엑셀이라도 써서 예측을 하고 이를 기반으로 업무도 수행하고 있을 것이다. 물론 잘 갖춰진 시스템을 통해서 주기적으로 예측된 생산값을 보고받아 업무를 수행하는 제조사도 적지 않을 것이다.

특정 제조사에서 봉지라면 생산관리를 위해 판매량을 예측하는 분석업무를 수행한다고 가정해보자. 이제는 라면에 대한 도메인 지식도 충분하고 잘 분류된 카테고리 체계와 과거 및 현재 정보에 대한 정확한 추정치를 가지고 있다. 그렇다면 다중회귀분석 같은 통계분석방법으로 멋진 모델을 만들어 이를 기반으로 정확한 예측을 내릴 수 있을까?

미래를 예측하는 분석(모델링)은 '가까운 과거의 모습(패턴)은 가까운 미래와 유사하다'는 가정에서 시작한다. 라면 판매량 예측에 있어 가장 기초가 되는 데이터는 과거 및 현재의 판매 데이터이다. 기본적으로 해당 제품에 대한 매출 데이터를 일 단위, 주중, 주말, 주별, 월별, 분기별, 계절별 매출특성이 반영될 수 있도록 잘 정리해서 분석에 활용한다. 하지만 이제부터 분석에 고려해야 할 사항은 소위 예측불허이다. 바로 경쟁사의 동향이다. 어느 시기에 신제품이 출시되는지, 어떤 카테고리의 제품이 신제품으로 출시되는지 등은 쉽게 알 수 없다. 이러한 사항이 우리 회사의 매출에 영향을 주는 것은 너무 당연하다. 신제품 출시뿐만 아니라 프로모션 일정 및 강도의 영향도 크다. 마트나 편의점에서 진행하는 1+1, 2+1, 1묶음+1봉지 등의 행사도 이에 해당된다.

예측을 어렵게 만드는 또 다른 요인은 거시적인 환경변화다. 코로나19로 대형마트 및 외식업체의 라면 판매량은 크게 줄고 중소형 슈퍼마켓, 편의점 그리고 온라인 채널(홈쇼핑, 인터넷 쇼핑몰)의 판매량이 증가했다.

예상치 못하게 제품이 미디어에 노출되면서 판매량이 크게 증가하거나 감소할 수도 있다. 모 제조사의 짜장라면은 아카데미상을 수상한 영화에 노출되면서 없어서 못 팔 정도로 판매량이 급증하기도 했다.

생산라인에 생긴 예기치 못한 사건 사고로 예측이 어긋나는 경우도 있다. 경북에 공장을 둔 제조사는 코로나19 초기에 제품을 생산하지 못해 수도권 매장에서 해당 제품이 판매되지 못한 경우도 있다. 화재로 인해 공장이 몇 달 동안 가동할 수 없는 경우도 종종 기사화되곤 한다.

날씨도 판매량에 영향을 미칠 수 있다. 특히 여름·겨울철 기온은 음료수, 아이스크림, 라면 등의 판매량과 연관성이 크다. 이러한 변수를 반영해 예측분석을 수행하는 게 여간 어려운 일이 아니다. 이렇듯 판매량에 영향을 주는 수많은 변수를 모두 인지하고 통제할 수 없기 때문에 예측분석은 누구도 쉽게 진행하기 어려운 영역이다.

인사이트는 어떻게 찾는 것일까?

빅데이터 분석이 필요한 이유는 무엇일까? 빅데이터 분석은 더 높고 새로운 가치를 만들어내는 과정이고 이러한 가치생성을 위해 필요한 게 바로 인사이트insight와 포사이트foresight이다. 인사이트가 과거와 현재에 무슨 일이 벌어졌고 벌어지고 있는가를 알아보는 것이라면 포사이트는 미래에 어떤 일이 벌어질 것인가를 알아보는 것이다.

인사이트를 얻기 위해서는 분류, 추정분석을 수행하고 포사이트를 얻기 위해서는 예측분석을 수행하면 된다. 과거와 현재의 데이터를 기반으로 미래를 예측하고 정상과 비정상을 구분해 비정상적인 상황을 대비할 수도 있다. 대표적인 예가 앞에서 언급했던 소비자 행동 예측을 통해 마트에서 맥주와 기저귀를 근처에 배치하는 것이다. 금융기관에서 대출이나 카드발급을 위한 신용평가를 진행하거나 사기를 방지하는 것으로 활용할 수 있다.

사실 인사이트를 얻기 위한 가장 쉬운 방법은 데이터의 시각화를 통한 분석이다. 매출 데이터의 추세를 그래프로 보여주는 것만으로도 급격한 증감을 확인할 수 있다. 경쟁사를 포함한 시장점유율 추세, 고객 연령대, 성별분포를 시각화해 직관적으로 현재 상황을 확인하는 것이다(인포그래픽이라는 분야가 함께 언급되기도 한다).

대상과 관련 있는 것들을 연결시켜 주는 연관분석이나 대상을 유의미한 집단으로 묶어주는 군집분석을 통해 데이터를 살펴볼 수도 있다. 그 과정에서 각 분야의 업무 담당자는 자신에게 필요한 인사이트를 찾아낼 수 있다.

인사이트를 찾는데 있어서 가장 중요한 것은 전문지식이다. 우리는 발전된 컴퓨팅 파워와 관련 소프트웨어의 발달에 따라 많은 데이터를 효율적으로 처리할 수 있게 되었다. 전문지식이 없는 데이터는 단순한 숫자, 문자의 나열일 뿐이다. 이런 숫자들을 어떻게 해석하고, 활용할지, 어떤 숫자를 변수로 사용하거나 사용하지 말아야 할지 그리고 어떤 통계분석방법을 사용해야 할지에 대해서는 관련된 전문지식을 가지고 있지 않으면 불가능하다.

데이터 과학자들이 데이터 분석과 처리방법에 대한 기본적인 지식은 습득하고 있을지 모르겠지만 데이터 해석과 활용방법에 대해서는 해당 분야의 간단한 뉴스나 구글링 정도로 학습된 내용뿐일 확률이 높다.

상권분석이라는 빅데이터 분석 영역이 있다. 상권을 구성하고 있는 다양한 사업자, 소비자들에 대한 정보를 기반으로 어떤 상권에서 어떤 업종으로 창업을 하면 잘될 것이지, 어떤 메뉴를 추가해야 더 많은 고객을 유치할 수 있을지, 메뉴 가격은 적당한지 등에 대한 질문에 답을 내리는 것이 상권분석의 영역이다.

보통은 카드사매출 데이터, 유동인구 데이터, POS 데이터 등을 기반으로 위의 질문에 답할 수 있는 분석 컨설팅을 진행한다. 컨설팅을 의뢰한 개인사업자 앞에 많은 정보를 기반으로 한 빅데이터 분석가와 백종원처럼 해당 분야의 도메인 지식을 많이 보유한 전문가가 있다면 그는 누구를 선택할까? 아마 많은 사업자들이 백종원을 선택하지 않을까? 그는 미디어에 많이 노출된 유명인이기 전에 외식업계에서 수많은 성공과 실패의 경험으로 지식을 쌓은 전문가이다.

빅데이터 분석가라면 분석하고자 하는 분야의 도메인 지식을 얻기 위해 공부를 많이 해야 한다. 이것이 데이터 분석으로 인사이트를 찾기 위해 무엇보다 가장 중요한 부분이다. 도메인 지식을 보유한 전문가 그룹(교수그룹, 업무 담당자, 선배 컨설턴트 등)과의 지속적인 커뮤니케이션도 필요하다.

주변에 접근할 수 있는 데이터가 넘쳐나고 개인이 활용할 수 있는 컴퓨팅 파워가 증가하고 다양한 기능을 갖춘 분석 프로그램에 손쉽게 접근할 수 있는 시대다. 컴퓨터 프로그래밍에 의지해 분석을 시작해도 데이터에 대한 전문지식, 도메인 지식이 없다면 이후의 해석과 활용은 불가능할 것이다. 이러한 해석과 활용이 바로 인사이트의 영역이며, 이는 데이터와 도메인에 대한 학습과 경험을 통해 얻을 수 있다.

7장

데이터 파이프라인에서 배포까지, 운영은 실전이다!

윤재헌

데이터Data, 네트워크Network, 인공지능AI 세 분야의 크고 작은 수많은 기업이 경쟁하고 있다. 일명 DNA라고 불리는 이 분야들은 서로 밀접한 관계를 가지고 있으며, 국내를 넘어 세계적으로 많은 기업들이 빅데이터를 활용한 새로운 매출 창출의 기회나 기존 프로세스의 개선을 시도하고 있다. 이 분야는 최근 들어 정부에서 추진하는 디지털 뉴딜정책의 큰 축을 차지하며 정부로부터 전폭적인 지원을 받아 더더욱 가파르게 성장하고 있다. 빅데이터를 분석하기 위한 분석시스템과 스토리지, 전문가를 모두 갖췄다고 가정해보자. 어떻게 데이터를 모으고 관리할 것인가? 이 장에서는 백업, 보안 등의 시스템적인 요소는 배제하고 실제로 다양한 데이터를 운영 및 관리하면서 겪게 되는 문제들을 살펴보려고 한다. 회사마다 다루는 데이터와 사용하는 시스템이 다르더라도 대부분은 공통적으로 마주치고 고민하는 사항들일 것이다.

데이터 표준화

데이터 표준화란 여러 데이터들의 명칭, 정의, 형식, 규칙에 대한 원칙을 수립하고 이를 전사적으로 적용하는 것을 말한다. 이는 사용자와 프로그래머간의 의사소통을 원활하게 해주는 Oracle* 같은 RDB**에서 데이터를 사용하기 전부터 필수적으로 선행하던 작업이다. 이 과정을 사전에 거치지 않으면 팀 간 소통이나 데이터의 변경 및 유지보수에 많은 어려움이 따를 것이다. 데이터 표준화는 크게 아래 4가지를 정의하는 것을 의미한다.

* Oracle DataBase. 오라클 데이터베이스.
** Relational DataBase. 관계형 데이터베이스.

1. 데이터 명칭

데이터를 유일하게 식별할 수 있는 이름이다. 데이터 정의를 위해서는 동의어나 유의어에 대한 정리가 필요하다. 예를 들어, '고객번호'와 '고객ID'나 '매출건수'와 '이용건수'를 구분하는 식이다. 특히 버전이 여러 개이거나 비슷한 종류가 많은 명칭은 세부적으로 정의해 혼동을 피하는 것이 좋다. 예를 들어, 표준산업분류코드가 '9차'인지, '10차'인지 정확히 표기하는 것이 필요하다.

2. 데이터 정의

사용자가 데이터의 의미를 잘 파악할 수 있도록 '데이터 원천' '생성방법'처럼 데이터의 범위와 자격을 정의해 데이터 명칭만으로 알 수 없는 사항들을 서술한다.

3. 데이터 형식

데이터의 타입과 길이를 말한다. 성격이 유사한 데이터는 형식을 통일한다. 특히 금액은 단위가 다를 경우에 처리하기가 어려우므로 '천 원단위' '백만 원단위' 등으로 자릿수를 통일한다.

4. 데이터 규칙

'기본값' '허용값' 등 발생 가능한 데이터 값을 일정한 규칙으로 정의하는 것을 의미한다. 동일한 데이터 항목을 다른 컬럼*명과 형식으로 사용하고 있다면 사용자 입장에서는 이게 같은 항목인지 알 수가 없으며 데이터 관리자 입장에서도 관련된 문의를 지속적으로 받게 되어 업무 생산성이 떨어질 것이다. 데이터가 본격적으로 쌓이기 전에 반드시 데이터 정의를 마치는 것을 권장한다.

데이터 파이프라인 구축

데이터를 분석하거나 활용하려면 어딘가에서 입수해온 데이터든, 이미 가지고 있는 데이터든, 일단 한곳으로 모아야 한다. 데이터 파이프라인은 다양한 데이터를 한곳으로 모아 전처리 및 가공, 조회,

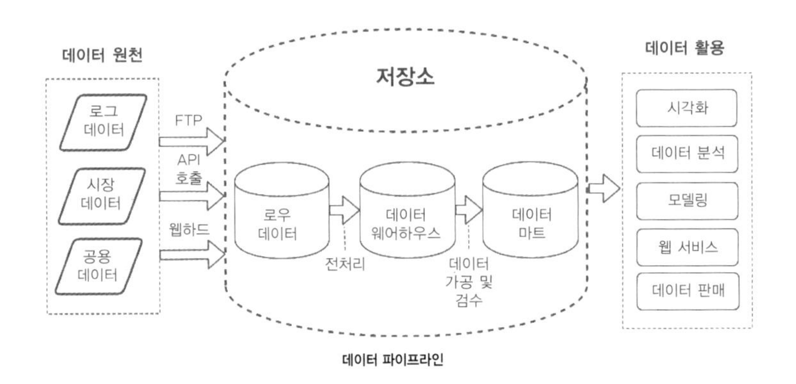

데이터 파이프라인

* column. RDB테이블의 세로줄(열)을 지칭하는 용어.

분석결과를 출력하기까지의 일련의 과정을 일컬으며 이는 데이터 운영을 위한 실제적이고 필수적인 프로세스이다.

1단계. 입수

보통 빅데이터의 입수는 다양한 경로와 방법으로 이루어진다. 특정 사이트에 게시되어 있는 자료를 다운받거나, API 호출을 통해 받아오거나, FTP* 서버를 이용하거나, 크롤러**를 이용해 SNS 및 웹 데이터를 수집하는 방법 등이 있다. 이러한 입수 프로세스는 자동화를 통해 업무 생산성을 향상시키는 것이 중요한데 안타깝게도 모든 경우를 자동화할 수는 없다. 주로 데이터 제공처에서 높은 수준의 보안을 요구하는 경우가 그러하다. 예를 들어, 직접 개인이 제공처의 웹하드나 클라이언트 프로그램에 접속해 본인인증을 거친 후 다운받아야 하는 경우가 있는데 이럴 때는 RPA***를 이용해 해결할 수 있으나 개별적인 개발이 필요하고 인증 자동화가 불가능한 경우도 있어 해결이 쉽지는 않다.

* File Transfer Protocol. 인터넷을 통해 다른 컴퓨터로 파일을 전송할 수 있도록 하는 방법 및 프로그램.

** crawler. 검색 엔진을 운영하는 사이트에서 사용하는 소프트웨어.

*** Robotic Process Automation. 로보틱 자동화 기술.

2단계. 전처리

데이터를 입수했으면 이제는 사용할 수 있도록 다듬어야 한다. 빅데이터의 관점에서 전처리는 '다양한 형식의 데이터를 위의 데이터 표준에서 정의한 해당 회사의 표준 형식으로 변환'하는 과정이다. 여러 가지 형식의 파일이 있겠지만 대표적으로 많이 쓰는 텍스트 파일을 처리하는 경우는 다음과 같다.

- 개행 문자 변환: Unix, Window, MAC
- 인코딩 변환: UTF-8, EUC-KR 등
- 앞뒤 공백 문자 제거 및 통일: 중복된 space, tab 등
- 전각, 반각 문자 변환: 'ａ'와 'a' 같이 모양은 같지만 폭이 다른 글자
- 구분자를 포함하고 있는 컬럼 처리

모든 데이터가 깨끗하고 정형화되어 있을 거라는 생각은 버리는 게 좋다. 데이터 제공처 각각의 관리수준과 표준에 따라 품질이 천차만별이기에 전처리는 생각보다 매우 지저분하고 손이 많이 가는 작업이다. 미리 이러한 공통사항을 생각해보고 적용하지 않으면 데이터가 누락되거나 처리과정에서 오류가 발생해 처음부터 다시 작업하는 일이 생길 것이다.

3단계. 라벨링(전처리 2단계)

입수 데이터의 품질이 낮거나 분류가 되어 있지 않은 경우 혹은 머신러닝에서 학습할 데이터를 분류 및 가공하고자 하는 경우에는 데이터 라벨링* 작업을 수행해야 한다. 21세기 판 인형 눈 붙이기라는 오명을 쓰고 있지만 실상은 단순한 이미지 분류뿐만 아니라 복잡한 판단을 요구하는 작업도 많기 때문에 적절한 비유는 아니다. 아무리 훌륭한 모델을 만들어 자동화한다고 해도 세상은 끊임없이 변하고 해당 분야의 여러 요건들도 함께 변하기 때문에 사람의 주기적인 관여는 필수적이다.

라벨링 작업에서는 주로 이미지, 텍스트 등을 분류하거나 태그를 붙이는 작업을 수행한다. 이 작업에서 발생하는 공통적인 문제는 '인력'과 '일관된 품질'에 관련되어 있다. 보통 내부 인력에 비해 작업량이 훨씬 많고 처리기한도 한정적이다.

인력이나 작업관리가 부족한 상황이라면 별도로 외주나 라벨링 대행업체를 이용하는 것도 방법이다. 대개 여러 명이 작업할 때, 이러한 작업기준을 세부적으로 정해두어야 비슷한 품질의 결과를 얻을 수 있다. 특히 예외적인 처리기준에 대해 정의를 명확히 해두어야 재작업 없이 일관된 결과를 얻을 수 있다. 또한 1차 라벨링 결과에 대해

* data labelling. 인공지능 알고리즘 고도화를 위해 AI가 스스로 학습할 수 있는 형태로 데이터를 가공하는 작업.

별도로 검수를 거친다면 데이터의 품질을 더욱 높일 수 있으니 처리 기한이나 인력에 여유가 있어야겠다.

4단계. 가공

데이터 가공은 전처리가 완료된 데이터를 이용해 실제 서비스에 필요한 데이터를 만들어내는 과정이다. 대개 데이터를 서로 결합 및 집계하거나 특별한 계산식을 적용하기도 한다. 이미 데이터가 존재하는 조직이라면 기존의 DB에서 활용하는 프로세스를 이식하는 경우가 대부분인데, 세심한 작업이 필요하다. 대용량 고속 처리 엔진인 스파크*를 이용해 작업할 경우, 익숙한 SQL**을 아무 생각 없이 스칼라나 파이썬으로 변환하면 의도치 않게 잘못된 결과를 얻을 수 있다.

그렇기 때문에 실수 표현(지수표기법), Null 처리, Sequence 등 데이터 간 큰 차이에 대해 충분히 고민한 후 이식을 진행해야 한다. 또한 누구나 사용할 수 있는 오픈소스 기반의 처리환경은 상용 RDB와는 다르게 일일이 신경 써야 할 부분이 많다. 데이터가 정확하고 일관되게 유지되어 신뢰도를 높일 수 있는 데이터 무결성을 보장하는 기능도 부족하기 때문에 이를 인지하고 처리과정에서 직접 체크하는 것이 중요하다. 버전별로 지원하는 기능이 다르기 때문에 공식

* Apache Spark. 대표적인 클러스터 컴퓨팅 프레임워크.
** Structured Query Language. 데이터베이스에 접근할 수 있는 데이터베이스 하부 언어.

문서에서 관련 사항을 꼭 확인하고 변환을 진행하기 바란다.

데이터 검수

빅데이터 처리에서도 데이터 검수는 필수적이다. 신뢰하지 못하는 데이터는 사용할 수 없기 때문이다. 과거와의 차이점은 데이터가 수십 배로 늘어났다는 것이다. 데이터별로 일일이 검수 로직을 작성한다는 건 쉽지 않은 일이다. 업무의 효율화를 위해 관련 툴을 찾아보아도, 현재로서는 특정 RDB용이 아니면 빅데이터 시스템을 위한 상용 데이터 검수 툴을 찾아보기가 힘들다. 구글 TFDV* 등 오픈소스 검수 라이브러리를 사용해 일부 검수 로직을 자동화할 수는 있지만 아직 정식 버전이 아닌 것이 많으니 버그나 신뢰성 등에 유의해 사용해야 한다.

검수 툴이나 라이브러리를 이용할 생각이 아니라면, 공통정책을 수립하고 양식을 만들어 검수체계를 세워보자. 기본적으로 숫자와 문자로 항목을 나누는 것을 권장한다. 데이터가 너무 많아 당장 검수체계를 적용하기가 막막하다면 우선순위를 정해 중요한 데이터부터 적용해보자. 입수보다는 결과파일 및 최종항목에 우선으로 적용

* TensorFlow Data Validation.

한 후 나머지 항목에 순차적으로 적용하는 방법을 추천한다.

메타데이터 배포

데이터 가공을 마친 후에는 해당 데이터에 대한 정의 및 컬럼명, 컬럼 속성값 등 그 데이터의 메타데이터*를 함께 배포해야 한다. 데이터베이스와 연동해 메타데이터 관리시스템을 구축하는 게 가장 깔끔한 방법이나 비용이 만만치 않다. 그렇기 때문에 구축이 부담스러울 경우에는 각각의 데이터 관리시스템의 주석 기능을 이용해 메타데이터를 작성해놓거나 공용 디스크에 문서로 만들어 배포하는 방법이 있다.

Column	Data Type	Description
yyymm	char(6)	기준년월
admi_cd	char(8)	대한민국 전국 행정동을 코드화한 행정동 코드. 출처: 행정안전부
gender	char(1)	성별. F:여성. M: 남성. Null: 알 수 없음
age_group	number(3)	5세 단위 연령대. 0: 0세-4세. 5: 5세-9세
pop	number(10)	인구수

메타데이터 예시

* metadata. 어떤 개체의 속성에 대해 설명하는 데이터.

가이드 문서 배포

하나의 데이터로 분석할 때는 메타데이터만으로도 충분할 수 있지만 여러 개나 서로 다른 종류의 데이터 통합과 관계 분석을 위해서는 그 이상의 정보가 필요하다. 일명 '데이터 활용 가이드'가 그것인데, 실제로 많은 데이터를 가지고 있고 메타데이터가 제공된다고 하더라도 사용자가 방법을 몰라 활용하지 못하는 경우가 생기기 때문에 이에 대한 전사 표준화도 필요하다. 같은 데이터를 가지고 다르게 결합해 분석이나 가공을 한다면 회사 전체의 데이터 정합성에 문제가 생기며 특히 해당 데이터를 모아서 서비스하는 경우에는 민원이 발생할 수 있다.

또한 데이터 처리 작업 전체를 기술해놓은 '데이터 작업 가이드'도 별도로 정의가 필요하다. 데이터 엔지니어 간의 업무 인수인계나 담당자 부재 시에 유용하게 사용할 수 있다. 다음 항목들을 포함해 문서를 작성하는 것을 추천한다.

공통항목

- 데이터 원천
- 입수일, 입수주기
- (전처리 외 가공할 경우) 로직에 대한 도식화 및 핵심 설명

데이터 활용 가이드

- 기본키, 제약조건, 파티션 정보
- 데이터 간 결합방법
- 데이터 자체 혹은 결합 시의 한계점

데이터 작업 가이드

- 데이터 위치, 테이블명
- 입수부터 최종 결과를 산출할 때까지의 처리방법
- 검수 항목 및 기준

데이터 현황 대시보드

데이터 처리 일정이 고정되어 있다 해도 하루라도 빠르게 데이터가 필요한 분석가나 마케터들은 데이터의 작업 현황에 대해 자주 문의를 하기 마련이다. 그렇다고 해서 매번 데이터 엔지니어가 수십 수백 개의 데이터에 대한 입수, 전처리, 가공 등의 전 과정을 보고할 수도 없는 노릇이다. 분석가나 마케터들의 데이터에 대한 이해도에 따라 받아들이는 정도도 다 다를 것이다.

이럴 땐 시각화해 보여주는 것이 좋다. Mattermost 등 메신저 알

람 기능이나 이메일 자동전송 로직 등을 이용해 작업 현황 전파를 자동화하고, ELK 스택* 등 일관된 지정 형식에 따라 데이터 처리 현황을 보여주는 간단한 대시보드를 만든다면 관련 문의를 최소화할 수 있을 것이다. 대시보드에는 아래 항목들을 넣는 것을 추천한다.

- 데이터 카테고리
- 작업 단계(특정 단계 작업중, 작업 완료 표시)
- 작업 예정 일정
- 최신 데이터 기준년월
- 건수, 총합 등 대표적인 전체 통계 및 추이

* Elasticsearch, Logstash, Kibana.

빅데이터라는 바다에서 살아남기

지금까지 알아본 바와 같이 빅데이터 운영에는 생각보다 많은 이슈들과 난관들이 존재한다. 그럼에도 시작해볼 생각이라면 위 사항들에 대한 심도 있는 고민을 통해 관련 해결책을 미리 준비해놓는 것이 좋을 것이다. 고민할 사항들을 요약하면 아래와 같다.

- 데이터 관리대상
- 데이터에 대한 표준 용어 및 형식
- 데이터의 입수부터 처리까지 자동화할 방법
- 필요한 공통 전처리 리스트 및 처리방법
- 검수가 필요한 데이터 항목, 방법 및 기준
- 데이터 레이아웃 및 메타데이터의 활용 기준에 대한 공유방법
- 데이터 처리 현황에 대한 공유방법

해결방법을 찾기 어려울 경우 관련 경험을 가진 인력을 채용하는 것도 좋지만, 먼저 빅데이터 운영을 시작한 회사들과의 협업이나 컨설팅을 통해 도움을 받는 것도 좋다. 발전 가능성이 무한한 빅데이터의 바다에서 함께 풍파를 이겨내고 나아갈 파트너는 어느 회사에서나 환영일 것이다.

8장

데이터는 원유일까, 단지 검은 액체일까?

송재익

알파고가 우리의 영웅 이세돌을 격파하던 2016년 어느 날, '하둡시스템 도입을 통한 대용량 데이터 처리 인프라 구축'이라는 제목의 제안서를 인쇄하러 가는 중이었다. 지금 보기에는 촌스러운 제목이지만 불과 5년 전만 해도 새로운 시도를 한다는 느낌이었다.

정보기술 및 자문기업인 '가트너Garter'는 2020년도 IT트렌드에 '전문성의 민주화Democratization of Expertise'라는 단어를 등장시켰다. 비전문가들이 추가적으로 값비싼 훈련을 받지 않고도 단순화된 경험을 통해 머신러닝, 앱 개발 등의 기술이나 판매 프로세스, 경제분석 등의 전문지식을 얻을 수 있는 민주화 시대가 열리고 있다는 것이다.

눈이 휘둥그레지는 알파고의 횡포를 넋 놓고 바라만 보았는데 불과 5년 만에 누구나 머신러닝에 접근할 수 있다는 '전문성의 민주화'가 논의되는 되는 시대가 온 것이다. '데이터는 21세기 원유'라는 비유는 「어린이 과학동아」에도 등장할 만큼 친숙해졌다.

기업들은 21세기 원유인 데이터를 활용하는 시추선이 되기 위해 치열한 노력을 기울이고 있다. 일시적인 유행으로 끝날 줄 알았던 빅데이터라는 주제가 다양한 변종을 거쳐 산업 전반과 실생활에 영향을 주고 있다. 게다가 '데이터 3법 통과' '데이터 댐' 등의 단어들은 당장 조직의 데이터를 뒤적거려서 무언가를 하지 않으면 끝없이 뒤처질 것 같은 불안감에 빠지게 만든다.

개인들은 어떻게 느낄까? 21세기 가장 섹시한 직업이라는 '데이터 과학자'가 되어보고자 각종 알고리즘과 통계 수업에 열심이다. 불과 몇 년 전까지만 해도 보기 드물던 알고리즘 기반의 프로젝트 경험으로 가득한 이력서가 채용 담당자 앞에 놓인다. 데이터 과학자를 꿈꾸는 사람들은 자신들이 만든 결과가 조직에 파문을 일으키고 프로세스가 말끔하게 개선되어 기립박수를 받거나 제플린 노트북*의 하둡·스파크 데이터를 처리하는 천재 해커가 된 듯한 모습을 상상한다.

여기저기서 그 대단하다는 빅데이터 시대에 대응하기 위해 치열하게 움직인다. 하지만 지금 우리가 하는 노력들이 빅데이터 시대를 대

* 다양한 시각화와 연동분석 기능을 지원하는 프로그램으로 빅데이터 분석에 유용하다.

처하는 올바른 방법인지에 대해서는 의문을 가질 필요가 있다.

데이터 분석은 요리와 같다

데이터 분석은 흩어진 재료들을 모아 맛있는 요리를 만들어서 손님에게 공급하는 과정과 유사하다. 하지만 빅데이터 시대에 어울리는 요리사의 길을 가려다 보면 막연하게 그리던 '데이터를 요리한다'라는 행위가 상상했던 모습과 다르게 진행되는 경우를 경험하게 된다.

먼저 빅데이터라는 까다로운 재료를 요리하는 과정에서 마주치는 몇 가지 혼란스러움에 대해 이야기해보고자 한다. 누구나 겪을 수 있는 상황이니 조직이 이와 비슷한 상황에 처해있다면 너무 당황하지 말고 차분히 해결책을 찾아보길 바란다.

요리를 하려면 재료 손질을 해야 하고 재료 손질을 위해서는 도마 위에 재료를 올려놓는 작업부터 시작해야 한다. 이 과정이 그간 요리 학원을 다니며 배웠던 칼질이나 플레이팅보다 더 중요하다. 바로 데이터 입수과정에서 겪는 시행착오에 대한 이야기이다.

요즘 데이터 직군 신입지원자들의 이력서에 어김없이 등장하는 '캐글'은 2010년에 설립된 예측모델 및 분석 플랫폼이다. 데이터 분석을 공부한 재야의 고수들이 본인의 실력을 증명하고자 캐글이 낸 가상

프로젝트에 참가해 재능을 뽐낸다. 다양한 머신러닝 프로젝트를 가상으로 시험해볼 수 있다는 점에서 데이터 과학자를 준비하는 사람들이라면 한 번쯤은 참가해 보았을 것이다. 한국에도 '데이콘'이라는 빅데이터 분석 플랫폼이 존재한다.

캐글에서 다양한 프로젝트를 경험해본 사람이라면 나름 남들만큼 기본적인 데이터 가공 능력이 있다고 자부해도 좋다. 실제로 수행될 프로젝트의 축소 버전을 어떤 방식으로든 경험한 것이기 때문이다. 하지만 대부분의 캐글 프로젝트는 예쁘게 포장해둔 데이터에 접근하는 것부터 시작되는 경우가 많다. 하지만 현실은 그렇지 않다. 데이터는 여기저기에 흩어져 있고, 외부에서 전달받은 데이터는 난생처음 보는 확장자의 모습을 하고 있으며, 데이터베이스 이외의 특정 위치에 존재하고 있다는 그 파일은 어떻게 전달받을지 모르겠다. 무작정 USB를 들고 달려가면 되는 걸까?

야심차게 데이터 분석으로 조직의 가치를 창출하겠다는 계획으로 데이터 분석가를 영입한 해당 조직도 당혹스럽다. 머신러닝은 물론 딥러닝 지식까지 무장했다고 포스를 뿜어내던 지원자가 "요리재료를 이리로 가져오지 않으면 칼질을 시작하지 못한다"라고 하는 상황과 마찬가지인 것이다.

데이터 분석 필드에서는 "내 디렉터리에 데이터만 존재한다면 내가 갈고닦은 분석기술을 뽐낼 수 있을 텐데!"라며 마냥 누군가의 도움을 기다릴 수 없다. 물론 실제 데이터 분석은 IT 부서에서부터 시작하는 경우가 많다. 특정 위치에 저장되어 있는 형태의 데이터가 텍스트 형태로 변환되어 분석가에 주어지거나, XML* 혹은 JSON** 파일의 형태로 전달된다. 하지만 IT 담당자가 파일을 가져다가 밥상을 차려주기 전에 IT 담당자의 언어로 요구하는 바를 명확하게 전달할 수 있어야 한다. 그 과정을 제대로 수행하지 못하면 수시로 IT 부서의 힘을 빌려야 하기 때문에 효율적이지 못하다.

본인이 데이터 과학자를 준비중이라면 아래 내용 중 몇 개의 문장을 이해할 수 있는지 확인해보자.

1. 업무 프로세스를 살펴보니 고객 가입단계에서 발생하는 로그들이 AWS*** 특정 디렉터리에 JSON의 형태로 보관되어 있네요.
2. 지금 운영중이신 Oracle 테이블 회원정보 내려주실 때 그 로그 데이터도 함께 내려주세요.
3. 작년에 구축했는데 파리만 날린 채 사용하지 않고 있는 하둡시스템 그 디렉터리에 parquet 형식으로 3년간 고객 개별 트랜잭션이 저장되어 있던데 같이 전달 부탁드립니다.
4. 파일로 주시면 좋은데 FTP 서버로 전달해주셔도 상관없습니다. API 명세를 전달해주시면, 제가 가져다가 쓰겠습니다.

분석정보를 요청하는 가상 메일이 아랍어처럼 느껴진다면 데이터 입수에 관련된 기본적인 지식을 제대로 습득해야 입수 과정에서 겪는 시행착오를 최소화할 수 있다.

전처리는 요리재료를 손질하는 과정이다

'전처리'라는 단어가 주는 느낌은 어떤가? '데이터 분석의 80%는 전처리'라는 말은 분석가들 사이에서 너무도 유명하다. 전처리라 함은 데이터를 보다 깔끔하게 만드는 절차를 의미한다. 기술적으로 결측치, 이상치 등을 대체하기도 하고 도메인 지식을 활용해 데이터를 다듬기도 한다. 요리 이전에 요리재료를 최상의 상태로 손질하는 과정이라고 생각해도 좋다.

이 단계에서는 원본 데이터, 변수타입을 확인하며 결측치, 이상치를 정리한다. 정규식이나 결측치, 이상치를 예측치로 처리하기 위한 Regression(회귀), Logistic Regression(로지스틱 회귀공식) 등도 가끔 사용한다. 지루한 작업이지만 여기까지는 데이터 분석가의 영역으로 생각하며 꾸역꾸역 할 수 있다.

* eXtensible Markup Language. 인터넷 웹페이지를 만드는 HTML을 획기적으로 개선해 만든 언어.
** JavaScript Object Notation. 웹과 컴퓨터 프로그램에서 용량이 적은 데이터를 교환하기 위해 데이터 객체를 속성·값의 쌍 형태로 표현하는 형식.
*** Amazon Web Services. 아마존의 자회사로 IT 업계에 인프라를 제공하는 클라우드 서비스.

본격적으로 혼란이 시작되는 지점은 '도메인 기반 전처리'이다. 앞 사례와는 다르게 도메인 지식에 기반한 전처리는 현업을 이해하고 관련 지식을 모아야 수행할 수 있는 경우가 대부분이다. (도메인 지식에 대해서는 6장에서 자세히 설명한 바 있다.) 이 과정에서 많은 데이터 분석가들이 좌절한다. 재미도 없고 결과물이래 봐야 폼도 나지 않기 때문이다.

하나의 예를 들어보자. A사는 온라인 쇼핑몰 고객분석 프로젝트를 발주했고, 기존 고객의 데이터를 분석해 의미 있는 새로운 고객군에 대한 인사이트를 찾고 싶다고 요구한다. 사실 데이터를 분석해 인사이트를 찾겠다는 것만큼 모호하고 힘든 요구 사항이 없다. 어쨌든 우리의 신입사원 B군이 품목별 매출 예측을 한다고 달려들었는데 품목 정보가 생각했던 모양이 아니다.

품목	판매일	판매금액
피자	7/19	212,000
커피	7/19	348,000

상상했던 그림

품목	판매일	판매금액
맛있는 커피 200ml	7/19	이십일만이천원
안토치노	2020-07-19	348,000

실제 데이터

안타깝지만 B군은 프로젝트의 품목 정보를 도메인 지식에 기반해 정리하는 것부터 시작해야 한다. 그나마 커피라는 단어가 들어간 메뉴명을 커피라는 카테고리로 분류하는 작업은 정규식이나 쿼리*로 가능하겠지만 안토치노라는 메뉴명을 커피에 매핑할 수 있으려면 도메인 지식이 기반이 되어야 한다. 간단한 예를 들었지만, 실제 도메인 지식에 기반한 전처리는 훨씬 복잡하며 많은 시간이 요구되는 작업이다. 다음은 나이스지니데이타가 동아비즈니스리뷰DBR에 전처리로 분류매핑이 완료된 사례를 위해 실었던 그림으로 전처리 전후 차이가 명확하게 보일 것이다.

처리 전

구분	주소	매장명	메뉴	판매가격
원천1	서울시 강남구 ** 동	** 커피나라	아메리카노(ICE)	3800
원천2	강남구 도산대로	** 커피나라	LATTE-톨사이즈	4000
원천1	경기도 성남시 수정구	**CoffeeBean	Americano	4100
원천2	성남 수정구	**커피빈	진동벨8	0
원천1	서울 여의도	디저트** 여의점	ICE아메	4500
원천2	영등포구 *** 동	디저트**	코스타리카 500g	13000
원천3	*** 동 ** 빌딩	디저트**	녹차마카롱	3000

처리 후

지역	업종	메뉴_Category			메뉴_속성			판매가격
		대분류	중분류	소분류	속성1_맛	속성 2 재료	속성3_용량	
12313	커피전문점	음료	커피류	아메리카노	ICE			3800
12313	커피전문점	음료	커피류	카페라떼	HOT		Tall	4000
38213	커피전문점	음료	커피류	아메리카노	HOT			4100
38213	커피전문점	비음료	기타	기타				0
02130	마카롱전문점	음료	커피류	아메리카노	ICE			4500
02130	마카롱전문점	음료	커피류	원두			500g	13000
02130	마카롱전문점	비음료	과자류	마카롱		녹차		3000

전처리로 분류매핑이 완료된 사례

* query. 데이터베이스 정보 요청에 쓰이는 컴퓨터 언어.

초기 단계의 데이터 조직 또는 분석가는 데이터 분석과정에서 전처리 절차를 가볍게 여기는 경우가 많다. 하지만 품질 높은 전처리 작업이 없다면 좋은 결과물도 나올 수 없다는 사실만은 명확하다. 원천 데이터를 기술적으로 가공하고 도메인을 바라볼 수 있는 인문학적인 배경이 바탕이 되어 효율적으로 전처리만 담당하는 부서를 운영하는 조직도 있다. 잘 정리된 예쁜 데이터들을 흐뭇하게 바라볼 수 있는 사람이라면 전처리 영역에 도전하는 것이 좋을 듯하다.

자체 역량이 부족하다면 이를 전문적으로 취급하는 업체를 찾아보는 것도 방법이다. 반복적인 전처리를 조직 내부가 아닌 외부에서 처리하는 경우도 많다. 이러한 업체들은 전처리 부분에 특화된 외부 데이터 결합을 통해 전처리를 효율적으로 수행하거나 '클라우드소싱'*을 기반으로 전처리 대상 데이터를 전달받아 단순·반복적인 작업을 대신 수행해준다. 높은 품질의 데이터를 원한다면 전처리가 끝난 데이터를 구매하는 방법도 고려해볼 만하다.

전처리 과정에서 개인이나 조직이 느끼는 회의감은 어느 조직에서나 겪는 고민이다. 조직 형태에 맞는 해결방법을 찾아 데이터 분석 프로젝트에 들어가는 재료를 예쁘게 다듬어가길 바란다.

* crowdsourcing. 군중(Crowd)과 아웃소싱의 합성어.

하둡을 쓸 일은 쉽게 일어나지 않는다

SQL은 전처리를 통해 다듬어진 기본 재료들을 가지고 본격적으로 요리를 시작하는데 필요한 언어로 데이터를 다루는 가장 기본적인 기술이라고 할 수 있다. 하지만 많은 머신러닝 관련 교육 프로그램들이 SQL을 가볍게 여기고 각종 폼 나는 알고리즘을 다루다보니 기본적인 칼질도 서툰 요리사에게 화려한 테크닉을 가르치는 상황이 생겨버린다. 무조건 최신 알고리즘을 재빠르게 입수해 사용하고 GPU가 장착된 서버에서 딥러닝을 수행하는 것만이 능사가 아니다. 단언컨대 SQL은 데이터 분석에 가장 많이 쓰이는 중요한 요리수단이다.

논문에 등장하는 멋진 알고리즘으로 결과물을 내고 싶은데 SQL 문법부터 확실히 익히라는 주위의 충고에 회의감이 들지도 모르겠다. 탄탄한 SQL 사용능력은 베테랑 데이터 분석가들이 기본적으로 장착하고 있는 근육이라는 사실을 알고 좀더 SQL에 익숙해지기 바란다. 또한 SQL을 공부할 때 웹 개발에서 사용하는 SQL과 집중해서 봐야 할 부분이 다르다는 점을 유의해야 한다. 웹 개발에 필요한 SQL에 비해 분석에 사용하는 SQL은 범위가 훨씬 좁고 특정 영역에 집중되어 있기 때문이다. DML*이라는 데이터를 다루는 SQL 문법 정도만 공부하면 된다.

* Data Manipulation Language. 자료 처리 언어.

빅데이터 초기에는 각종 알고리즘이 스포트라이트를 받았다. 하지만 현실적인 프로젝트를 수행하기 위해 능숙해져야 하는 기술들은 멋있는 알고리즘이 아닌 경우가 많다. 최신 논문을 뒤적이며 각종 신상 알고리즘을 적용해보는 일은 대부분의 조직에서 의미가 없거나 우선순위에도 앞서 있지 않다. 모델 정확도가 높은 것도 좋지만 결과적으로 체감되는 효용이 발생해야 한다. XGBoost나 LightGBM 정도면 많은 종류의 프로젝트를 대응할 수 있다.

요리방법에서 SQL과 기본 알고리즘의 중요성을 이야기했다. 요리도구들에 대해서도 몇 가지 생각해볼 점들이 있다. '데이터 분석 관련 시스템'이라는 단어를 들었을 때 처음 떠오르는 단어는 무엇인가? 하둡, 머신러닝, 스파크, GPU 서버들? 빅데이터 관련 서적이나 각종 교육 프로그램에서 하둡시스템 구축이나 프로그래밍이 데이터 분석시스템 구축의 알파와 오메가인 것처럼 요란한 경우가 많다. 하지만 당신이 다루는 데이터는 하둡이라는 코끼리가 들어와서 살 만큼 널찍하지 않을지도 모른다.

하둡 코끼리(Doug Cutting 제작)

5년 정도의 거래 데이터 전체를 분석하는데 이게 빅데이터가 아니냐고 되물을 수도 있겠다. 분석대상인 데이터가 일 단위 집계 데이터인데 비해 회원수는 10만 명, 분석대상 컬럼은 10개, 회원 당 하루에 평균 3개 정도의 제품을 구매하는 회사라고 가정해보자. 총 365일×5년×10만 명×3개×10개 컬럼 정도의 데이터가 분석대상이다. 규모가 크다면 커보일 수 있겠지만 하둡이나 스파크가 등장하지 않아도 대부분 분석이 가능할 것이다.

보유 데이터의 고민 없이 대규모의 하둡시스템을 구축하거나 상용화된 제품을 선불리 도입하는 것은 경계해야 한다. 데이터 사업화에 투자하라고 하면서 이런 요리재료를 손에 쥐여 주지 않는다고 실망할 필요는 없다. 지금의 데이터 파이프라인 전체를 점검하고 입수해서 가공 및 시각화를 지원하는 요소를 갖추는 것이 우선이다. 많은 오픈소스들이 존재하며 클라우드 사업자들이 이미 제공하고 있는 단위 서비스를 사용하면서 느낌을 경험해보는 것도 좋다. 이 과정에서 IT 부서와 데이터 조직과의 협업은 필수이다. 데이터 과학자 교육과정을 통해 갈고 닦은 데이터 입수와 가공에 관련된 지식들은 IT 부서원들이 몇 년째 수행해온 쉬운 업무일 수 있다.

정성껏 만든 요리가 손님의 입맛에 맞지 않는다면?

데이터 과학에서는 분석을 위한 기술뿐만 아니라 소프트 스킬도 매우 중요하다. 소프트 스킬을 외면한 채 숫자에 매몰되어 만들어낸 결과물은 현업에서 외면당할 수 있다. 레시피에 충실해 요리를 만들어 서빙했는데 손님의 반응이 영 찜찜하다. 어린 시절 추억의 맛인 돈까스를 먹고 싶었는데, 그 앞에 펼쳐진 음식은 '쑥 향이 첨가된 돼지 오믈렛(물론 이런 음식은 없다)'인 것이다. 그렇다고 손님을 외면한 채 휙 돌아서서, 주방에 쭈그리고 앉아서는 "이런 저질 입맛을 가진 손님을 상대로 일하는 내가 잘못이지"라며 눈물을 흘려야 할까?

〈머니볼〉은 데이터 기반의 의사결정을 논할 때 자주 언급되는 영화이다. 메이저리그 만년 최하위의 오클랜드 어슬레틱스가 데이터를 기반으로 야구를 하게 되면서 4연속 플레이오프에 진출하는 쾌거를 이루는 이야기이다. 두 명의 중요한 인물이 등장하는데, 한 명은 하버드 출신의 통계학 전공자 피터 브래드, 다른 한 명은 야구선수 출신의 빌리 빈 단장이다.

이 영화는 데이터 중심으로 무언가를 한다는 것이 얼마나 대단한 결과를 이뤄낼 수 있는지를 보여주는 사례로 자주 인용되곤 한다. 영화 초반에 노인들이 모여 이번 시즌에 활용할 선수들을 검토하며 "그 친구는 스윙이 멋져" "게다가 키도 크고 스타성도 있다고" "지금은 마이너리그지만 500경기쯤 뛰어보면 성장할거야" 같은 이야기들을 나눈다. 이 노인들은 야구계에 오래 몸담은 이른바 베테랑들이다.

하지만 빌리 빈은 이들의 경험에 의지하지 않고 우연히 만난 하버드 출신의 통계학자를 영입한다. 통계학자는 데이터를 분석해 '출루율'이라는 기존에 관심 갖지 않았던 수치에 집중하게 된다. 데이터를 다루는 직업을 가진 사람이라면 두 콤비의 작업물이 연승으로 이어지는 것을 볼 때 말로는 표현할 수 없는 어떤 짜릿함을 느낄지도 모른다. 데이터보다 경험을 중시하는 집단을 카리스마로 제압하며 이끌어가는 빌리 빈 단장의 모습을 보며 데이터 조직이 가장 어려움을 겪고 있는 '카리스마 있는 인물의 버프'에 대한 부러움을 느끼기도 할 것이다.

여기서 영화에는 뚜렷하게 드러나지 않지만 빌리 빈 단장의 도메인 지식을 주목해보고자 한다. 통계학자 피터 브래드 옆에 빌리 빈 단장이 아닌 그저 힘만 쎄고 무식한 단장이었더라도 데이터를 바탕으로 출루율이라는 지표를 만들어낼 수 있었을까? 영화 초반에 수다를 떨던 노인들은 그저 악역이었을까?

데이터 분석 프로젝트를 수행하다 보면 극적인 성능 향상이나 통찰력 있는 분석은 알고리즘의 선택도 하이퍼 파라미터*의 튜닝**도

* hyperparameter. 분석모델의 성능을 극대화하기 위해 분석가가 직접 세팅해주는 값.
** 하이퍼 파라미터를 넣어보면서 최적의 모델을 찾아나가는 과정.

아닌 효율적인 전처리에서 나오는 경우가 많다. 알고리즘을 열심히 고민해서 1, 2%의 성능을 올리는 것보다 도메인 지식에 기반해 효율적인 전처리를 진행할 때 10% 이상의 성능 향상을 가져오기도 한다.

이를 위해서는 분석하는 곳의 업무 프로세스를 업무 담당자만큼 숙지하고 있어야 한다. 다시 한번 강조하지만 도메인에 대한 충분한 지식이 우선이다. 업무 프로세스의 이해 없이는 딥러닝이든 머신러닝이든 그저 현실에 어떤 울림도 주기 힘든 숫자놀이일 뿐이다. 도메인 지식을 바탕으로 숫자를 쳐다보고 결과는 항상 현업의 언어로 전달할 수 있어야 한다.

프로그램 개발과 데이터 분석에는 유사한 점이 많다. 다양한 개발 언어로 공통 프레임워크를 만들어 효율적인 예외 처리를 하는 개발자도 물론 중요하다. 초기에는 그런 개발자들이 능력 있는 개발자로 칭송되기도 했다. 하지만 현실에서 성과를 내고 인기가 있는 개발자는 현업의 업무요건을 명확히 이해하고 가치를 부여하는 개발자이기도 하다.

자칫 〈머니볼〉이라는 영화가 '현업의 경험보다는 숫자로 승부하라'는 메시지를 주는 것처럼 느껴진다면 빌리 빈 단장이 데이터를 다루는 과정에서 통계학자에게 해줬을 수많은 도메인에 관한 조언들을 고려하지 못한 것일 수도 있다.

분명히 숫자에 기반해서 분석결과를 냈는데 현업 담당자들의 표정이 영 찝찝하다면 도메인을 무시한 채 숫자에만 매몰되어 결과를 도출한 건 아닌지 돌아보기 바란다. 스스로 "멋진 모델이었어"라고 박수쳐도 힘들게 만든 모델링 결과가 적용되지 못하고 파묻히면 소용없다. 분석을 사용할 부서와 빠르고 반복적인 시행착오를 거쳐 분석결과가 현업 프로세스에 어떤 형태로든 젖어 들게 만드는 것이 우선이다. '특정 이벤트를 통해 가입한 고객의 동향분석'이 목적인 고객에게 '고객의 구매흐름을 분석한 추천 알고리즘'이라는 결과물을 요리로 대접한다면 고객은 "멋져 보이지만 맛은 없잖아"라고 할지 모른다.

요리과정 패러다임의 변화

지금까지 요리재료를 입수해 다듬고 요리를 만드는 과정에서 겪게되는 시행착오에 대해 살펴봤다. 마지막으로 요리과정 패러다임의 변화라는 측면을 잠깐 짚고 넘어가 볼까 한다.

웹이 처음 출현했을 때, '웹마스터'라 불리던 직업이 있었다. 웹마스터는 홈페이지의 기능을 설계하고 모양을 스케치하는 일을 한다. HTML이라는 언어를 이용해 홈페이지를 만들고 사용자의 클릭이나 입력폼을 그려내고 정보를 저장한다. 말 그대로 웹페이지를 구성하는 '마스터' 역할을 했던 것이다. 지금은 웹마스터라는 단어를 사용하지 않는다. '웹디자이너' '퍼블리셔' 'Frontend 개발자' 'Backend 개발자' 등으로 업무의 단위가 좀더 명확하게 구분되며 요구되는 업무수준도 높아졌다.

데이터 과학자의 역할도 세부적으로 분리되는 추세이다. 여전히 6개월 내외에 하둡, 스파크 등의 인프라 구성부터 시각화까지 데이터 처리의 전 과정을 다루는 커리큘럼을 가진 '빅데이터 양성교육' 프로그램은 존재하지만 이는 데이터 처리 절차의 느낌을 맛보라는 의미이지 실제로 그 역할들을 모두 수행해낼 수 있어야 한다는 의미는 아니다(아닐 것이라고 믿고 싶다).

데이터 수집에서 가공, 전처리까지의 전 영역에 대해 어느 정도 수준의 이해는 바탕이 되어야겠지만 각 단계의 서브프로젝트인 에코시스템이 방대해졌기 때문에 모든 포인트에서 전문가가 되기란 쉽지 않다. 바꿔 이야기하면 본인 또는 본인이 속한 조직이 알아야 할 기술의 종류에 집중하면 개인과 조직을 차별화할 수 있는 기회가 생긴다는 뜻이기도 하다. 마치 칼질 전문 요리사, 플레이팅 전문가 등 각각의 전문기술을 가진 요리사가 등장하는 것처럼 말이다.

데이터 결합 이슈도 점차 증가하고 있다. 모든 데이터를 한 기관이 가지고 있을 수는 없기 때문에 기업은 데이터 가치를 증대시키기 위해 내부적으로 또는 외부 기관과의 데이터 협업을 진행해오고 있으며 이런 사례도 점차 증가하고 있다. 안전한 데이터 결합을 위한 데이터 결합기관이나 에이전시의 출현도 이런 흐름 중 하나일 것이다. 데이터 결합 과정에서 효율성만큼 중요한 것이 '신뢰'이다. 복잡한 데이터 간의 관계를 얼마나 신뢰성 있게 연결해줄 것인지, 얼마나 믿을 만하게 관리해줄 것인지가 중요한 지점이다. 퓨전 요리에 대한 관심이 증대하고 있는 만큼 데이터 요리의 퓨전 방식에 대해서도 고민해봐야 한다.

우리 회사가 만들 수 있는 데이터 요리는 무엇일까?

얼마 전, 2000년대 초 OLAP*이 한창 인기를 끌었을 때의 프로젝트 제안서를 우연히 발견하게 되었다. 'OLAP'이라는 단어를 '빅데이터 분석시스템'으로 바꾸기만 해도, 당장 어디에라도 내놓을 수 있는 제안서의 일부가 완성되는 것을 보고 혼자 슬쩍 웃었다.

데이터를 이용해서 인사이트를 얻고 의사결정을 한다는 개념이 알파고가 하루아침에 만들어낸 설정은 아니다. 우리는 다양한 형태로 데이터를 이용해왔다. 빅데이터 열풍은 데이터 분석 기반의 통찰에 대한 공감대가 기업뿐만 아니라 데이터에 관심이 없는 일반인들에게까지 퍼져나간 측면에서 분명 의미가 있다. 그렇다고 해서 알파고가

* On-Line Analytical Processing. 사용자가 대용량 데이터를 쉽고 다양한 관점에서 추출 및 분석할 수 있도록 지원하는 비즈니스 인텔리전스 기술.

우리 주위에 불쑥불쑥 등장하는 일이 흔히 일어나는 것은 아니다. 우리 모두가 알파고를 옆에 두길 원하는 것도 아니기 때문이다.

빅데이터 기반 분석이나 의사결정을 고민하는 기업이 아마존이나 통신사라면 막대한 양의 데이터를 처리할 인프라와 에코시스템, 알고리즘 개선을 통해 성능의 1-2%를 향상시키는 일 등을 모두 고민해야 할지도 모른다. 하지만 어떤 기업에게는 데이터를 기반으로 하는 의사결정 분위기가 생성되고 데이터를 이용해 프로세스의 간단한 개선이 일어난다는 것만으로도 충분히 의미 있을 수 있다. '알파고의 필요'부터 '넛지의 수단'까지 데이터의 목적은 다양하다. 우리가 해결해야 할 이슈와 그 이슈를 해결하기 위한 도구, 사용할 수 있는 데이터의 규모를 고려하는 것부터가 시작이다. 기업은 툭하면 빅데이터가 논의되는 시대에 어떤 포지션, 인프라, 데이터, 알고리즘을 가지고 있는지 고민하며 데이터 기업으로의 진화를 계획해야 한다.

이슈관점	도구관점 (SQL, 파이썬, R)	보유 데이터 규모관점
모르는 문제를 찾아내는 것	합계, 평균, 분산 등을 구함	메가, 기가
아는 문제를 효율적으로 푸는 것	기술 라이브러리를 적재적소에 활용	테라
문제보다 기술 자체를 개발하는 것	라이브러리를 수정, 최적화, 배포	페타 ~

이슈 종류에 따른 도구와 가용 데이터

데이터가 21세기 원유라는 말은 이제 너무도 상투적인 표현이 되어버렸다. 원유도 효율적으로 동력 기관에 전달되지 않으면 고작 검고 끈적끈적한 액체일 뿐이다. 데이터 3법 시행에 마치 새로운 유전이라도 발견한 것처럼 들뜨기보다는 데이터 시대를 준비해왔던 각자의 상황을 돌아보는 일에 집중하는 것이 필요하다.

9장

데이터를 가진 CEO들을 위한 맛집 레시피

정선동

전화기 벨소리가 요란하다. 받자마자 상대편에서 낯익은 목소리가 흘러나온다. "이번에 우리 회사도 데이터 비즈니스를 본격적으로 해보고 싶은데 어떻게 하면 됩니까?" 몇 년 사이에 가장 많이 받은 질문은 이렇게 다짜고짜 시작된다.

그런데 전화를 받으면서 새삼 느끼는 건 질문은 똑같은데 답변이 달라졌다는 점이다. 불과 2-3년 전엔 이러저러한 얘기로 한 시간은 족히 걸렸는데, 요즘엔 짧게 되묻는다. "왜 데이터 비즈니스를 하려고 하시죠?" 잠시 정적이 흐른다. 예상치 못한 질문이었나 보다. 곧 "데이터가 있으니까요"라는 멋쩍고도 간단한 대답이 들려온다. "데이터가 있으니까"라는 말이 머릿속을 계속 맴돈다.

매년 데이터 비즈니스를 하려는 수십 개 기업의 CEO나 책임자들을 만난다. 그들은 공공기관, 금융회사뿐만 아니라 누구나 들어도 알 법한 대기업부터 조그마한 외식 프랜차이즈나 스타트업까지 실로 다양하다. 다들 제4차 산업혁명 시대를 선도하기 위해서인지 데이터로 뭔가 해보려 하지만 늘 그러하듯 말과 달리 쉽지 않다. "내 사전에 실수나 실패는 없었다"라고 자부하던 이들도 데이터에 있어서는 어느새 그 길을 걷고 있다. 왜 그런 걸까?

이제 막 데이터 비즈니스를 하려는 데이터를 가진 너무 똑똑한 그들에게 왜 데이터 비즈니스를 하려 하냐는 질문이 선문답처럼 들리겠지만 '어떻게 할까?' '무엇을 할까?' 보다 먼저 '왜 해야 할까?'를 물어야 하지 않을까?

빅데이터는 진짜 3V일까? 혹시 3VD는 아니고?

먼저 빅데이터란 무엇일까? '빅데이터는 3V^Volume, Velocity, Variety^'라는 이야기를 한 번쯤은 들어봤을 것이다. 데이터의 양^Volume^을 뜻하는 V, 데이터의 속도^Velocity^를 뜻하는 V, 데이터의 다양성^Variety^을 뜻하는 V가 모여 3V를 이룬다. 3V는 2001년 메타그룹(현재 가트너社)의

더그 레이니Doug Laney가 만든 개념으로 최근에는 새로운 V, 즉 정확성Veracity의 V, 가변성Variability의 V, 시각화Visualization의 V로까지 확장되고 있다. 앞으로는 3V로도 충분치 않아 새로운 무슨 V로 계속 확장될 가능성이 크니 '빅데이터는 3V'라는 정의는 어제는 맞았을 수도 있지만 오늘은 부족하고 내일은 틀릴 게 분명하다.

더 큰 문제는 CEO 입장에서 3V는 너무 무미건조하다는 것이다. 마치 연극의 3요소는 희곡, 배우, 관객이지만 그 3가지 구성요소에 감동, 카타르시스를 담아내지 못하는 즉, 알맹이가 빠진 느낌이라고나 할까? 그래서 CEO들에게 와닿을 수 있는, 현장감이 느껴지는 빅데이터 정의를 내려보고자 하는데 그것이 바로 '3VD'이다. 참고로 그간 많은 강연에서 '데이터는 3V'라는 뻔한 정의에는 지루함을 보이던 사람들이 '데이터는 3VD'라는 설명에 눈을 반짝이며 하나라도 놓칠세라 필기하는 걸 보았으니 그 효용은 가히 보장할 만하다.

3VD라는 개념은 어렵지도 그렇다고 들어보지도 못한 단어를 포함하지도 않는다. 이미 현장에서 많이 들어본 단어들이고 빅데이터 사업에 너무나도 현실적으로 적용되다 보니 쉽게 이해할 수 있을 거라 생각한다.

첫번째 VD는 'Very Dirty'이다. 쉽게 말해 '매우 지저분하고 귀찮은' 정도로 해석할 수 있다. 이 개념은 데이터를 제대로 써보기도 전에 부덫치는 그야말로 초기 단계의 어려움을 담고 있다.

많은 CEO들이 본인 회사가 보유한 데이터가 매우 값어치 있고 다른 사람들이 쉽게 쓸 수 있으며 나아가 그 효과도 클 거라고 자신한다. 심지어 보유중인 데이터가 회사에 매년 최소 수십억은 벌어줄 거라고 생각한다. 문제는 이런 기대가 진행을 어렵게 만든다는 것이다. 예상과 달리 현실은 그 과정이 'Very Dirty'하기 때문이다.

실제 현장에서 있었던 'Very Dirty'한 사례를 살펴보자.

- 현재 운영중인 시스템의 장애 위험 때문에 데이터를 꺼낼 수 없는 경우
- 1년 이전 데이터는 정보 활용 동의 기간 경과로 모두 삭제한 경우
- 데이터는 추출했으나 중요한 항목이 쌓이지 않고 텅 빈 경우
- 중요 항목에 값도, 코드도 아닌 직접 입력한 유명무실한 텍스트만 가득한 경우
- 고객에게 판매한 제품정보를 '○○ 이외 몇 개' 형태로 뭉뚱그려 일부만 관리하는 경우
- 자사 거래처 정보임에도 주소가 틀리거나 존재하지 않고 구주소, 신주소가 모두 뒤섞인 경우

위의 사례만 정리해봐도 ① 예상과 달리 데이터가 없는 경우, ②

데이터를 활용하기 위해 많은 시간과 수작업이 필요한 경우, ③ 고도화된 표준화 기술 같은 정제와 전처리에 비용이 많이 드는 경우 등 다양한 이유로 데이터는 'Very Dirty'해진다.

그래서 CEO들에게 데이터란 '밖에서는 보이지 않는 주머니 속에 든 무엇'과 같다고 말해주고 싶다. CEO들은 그 주머니 안에 다이아몬드, 아니면 적어도 진주라도 들어 있으리라 상상하지만 현실은 모래라도 고르게 들어 있으면 다행이고 대개는 분류되지 않은 무언가로 가득 차 있다고 보면 된다.

이쯤 되면 눈치 빠른 CEO들은 포기하거나 겉으로는 투자를 말하지만 현실적인 비용 문제로 시간을 끌게 된다. 보통 1년은 쉽게 날아가 버린다.

두번째 VD는 'Very Difficult'이다. 쉽게 말해 '매우 어렵고 전문 영역인' 정도로 해석할 수 있다. 이 개념은 데이터를 활용해 성과물을 만드는 단계에서 발생하는 현실적인 어려움을 담고 있다.

앞선 'Very Dirty' 구간을 넘어 데이터를 제대로 쓸 수 있는 환경을 구축하는 데만 통상 1년 정도의 시간이 걸리는데 그중 절반은 의사결정과 행정적 처리, 나머지 절반은 분석용 데이터 환경구성과 각종 데이터 표준화 등 처리과정에 소요된다. 문제는 이제 재료(데이터) 손질이 겨우 끝났는데 요리(성과물)를 만드는 건 더 쉽지 않다는 점이다.

데이터를 성과물로 만드는 과정이 'Very Difficult'하기 때문이다.

그렇다면 실제 현장에서 있었던 'Very Difficult'한 사례를 살펴보자.

- 전산 담당자는 데이터를 다루니 당연히 분석도 잘할 것이라고 기대하는 경우
- 데이터 분석을 위해 신입을 뽑거나 직원들 중 통계학과 출신을 찾거나 없으면 외부 교육 프로그램을 통해 배우면 모든 업무를 해낼 수 있을 것이라고 기대하는 경우
- 회사 내 많은 양의 데이터를 다뤄본 사람도, 분석용 시스템이나 도구도 없는 경우
- 숫자로 된 데이터도 어려운데 텍스트, 음성, 영상도 처리해야 하는 경우
- 데이터를 기반으로 분류, 추정, 예측분석이 가능한 고도화된 모델을 개발해야 하는 경우
- 인공지능, 머신러닝 등 새로운 기법들이 적용되길 바라는 경우

위 사례만 봐도 ① 분석할 사람, 도구, 프로그램 등 기본적인 인적, 물적자원이 부족한 경우, ② 데이터 분석경험이나 기술 등 전문성이 부족한 경우, ③ 계속 쏟아져 나오는 신기술에 대한 대응 한계 등 다

양한 이유로 데이터는 'Very Difficult'하다.

그래서 CEO들에게 데이터는 원래부터 어려운 것이니 외부 전문가들의 도움을 받아서 빨리 목표에 도달하는 게 가장 중요하다고 말해주고 싶다.

데이터 분석 및 컨설팅 경험상 개발방법론이 체계화된 리스크 모델링도 어려운데 하물며 마케팅이나 고객관리 같은 완전히 새로운 분야의 빅데이터 분석은 과연 끝이 있을까 싶다.

세번째 VD는 'Very Dangerous'이다. 쉽게 말해 '분석을 하면 할수록 매우 위험해지고 관련법도 잘 알아야 하는' 정도로 해석할 수 있다. 이 개념은 동전의 양면처럼 수익을 얻기 위해 필요한 리스크관리의 중요성을 담고 있다.

앞선 'Very Dirty' 'Very Difficult' 단계에서 데이터 전처리를 잘할수록, 데이터를 세분화할수록, 나아가 분석을 통해 정교한 인사이트를 만들수록, 그 결과물이 가지고 있는 정보의 위험성 또한 커진다. 정보보호법은 실무자만큼 CEO들에게도 책임을 묻고 있으니 이에 대한 이해가 매우 중요하다.

마지막으로 실제 현장에서 궁금해하는 'Very Dangerous'와 관련된 질문은 무엇인지 살펴보자.

- 신제품을 개발하기 위해 보유중인 A본부의 회원정보를 B본부에서 분석을 목적으로 활용해도 되는지
- 개인이 써 놓은 민원 댓글의 텍스트 처리 및 분석을 외부 전문가에게 맡겨도 되는지
- 데이터를 제3자에게 제공할 수 있는지, 그럴 때 필요한 사항은 무엇인지
- 순수한 개인정보는 알겠는데 개인사업자 정보는 어디까지가 개인정보인지
- 최근 데이터 3법이 시행되고 가명정보가 있다는데 어떤 게 가능하고 기회가 되는지
- 멤버십이 없어 고객분석을 할 수 없는데 타사 정보와 결합해 분석해도 되는지

위 사례만 봐도 ① 정보의 유형, 관련 법에 대한 이해, ② 정보의 자체 활용, 제3자 제공, 업무 위탁 등 처리기준, ③ 가명, 익명정보의 활용 이슈 등 다양한 이유로 데이터는 'Very Dangerous'하다.

그래서 CEO들에게 데이터 비즈니스를 하거나 활용하려면 그만큼 관련 법과 정보보호에 대한 이해가 중요하니 사전에 전문가들의 컨설팅을 받거나 도움을 받아보라고 말해주고 싶다.

참고로 데이터 산업 활성화를 위해 개인정보보호법, 정보통신망법,

신용정보법을 포함한 '데이터 3법'이 2020년 1월에 개정되어 8월부터 시행되고 있다. 이에 따라 개인 식별이 어렵도록 가공한 '가명정보'를 통계 작성, 공익적 기록 보존, 과학적 연구를 목적으로 정보 주체의 사전동의 없이 사용할 수 있게 되었다. 악마는 디테일에 있다고 상황에 따라 활용 가능 여부가 다를 수 있으니 꼼꼼히 살펴보길 바란다. 이중 개인정보보호법이 개인정보 관련 일반법, 신용정보법은 금융회사 등의 신용정보 관련 특별법인 만큼 어느 법에 의해 규율되는지도 확인해보자.

개인정보	살아있는 개인에 관한 정보로서 성명이나 주민등록번호 등을 통해 개인을 알아볼 수 있는 정보, 다른 정보와 쉽게 결합해 알아볼 수 있는 정보(입수 가능성 등 개인을 알아보는 데 소요되는 시간, 비용. 기술을 합리적으로 고려해야 한다).
가명정보	개인정보의 일부를 삭제하거나 일부 또는 전부를 대체하는 등의 방법으로 원래의 상태로 복원하기 위한 추가 정보의 사용 및 결합 없이는 특정 개인을 알아볼 수 없는 정보.
익명정보	시간, 비용, 기술 등을 합리적으로 고려할 때 다른 정보를 사용해도 더 이상 개인을 알아볼 수 없는 정보.

개인정보, 가명정보, 익명정보 정의

데이터를 활용한 비즈니스를 한다는 게 생각보다 어려운 일이다. 인적, 물적자원을 초기에 많이 투입해야 하고 전문기술과 전문가도 갖춰야 하고 더불어 정보보호법 등 리스크관리도 해야 한다. 그래서 이러한 이유로 '데이터가 있다'고 마냥 시작하기보다는 '왜 해야 하는지'를 고민해보라는 것이다. 그렇다고 이쯤에서 그만두라는 의미는 더더욱 아니다. 제4차 산업혁명 시대에는 모든 기업이 데이터를 활용해야 하고 심지어 데이터가 그 기업의 존재 이유가 될 수 있기 때문에 데이터를 만들고 안전하게 활용할 수 있어야 한다.

제4차 산업혁명 시대에 내가 가진 데이터가 어디서 활용될 수 있는지 거창하게 묻는 CEO들이 생각보다 많다. 내부적인 활용도 중요하겠지만 '내가 가진 데이터가 돈이 되는지' '수익은 얼마나 될지'가 알고 싶기 때문일 테다. 그래서 먼저 공공 및 민간분야 데이터 비즈니스와 활용사례를 정리해본다.

공공분야 데이터 비즈니스 및 활용 사례

현재는 공공분야가 데이터 비즈니스를 이끌고 있다고 해도 과언이 아니다. 2014년 카드사 데이터 유출 사건 이후로 일순간 얼어붙은 데이터 시장을 창조경제와 디지털 뉴딜 같은 공공정책들로 바꿔나가고 있기 때문이다. 특히 지자체와 공공기관들이 외부 데이터를 행정업무에 활용하고 민간기업이 데이터를 활용하거나 분석할 수 있는 장(場)을 마련한 점은 높이 평가할 만하다.

사례 1. 공공 빅데이터 표준분석모델

먼저 2010년대 중반 이후로 행정업무별 데이터 기반 분석사업을 통해 실증 및 사례화가 많이 진행된 바 있다. 그 결과, 해당 사업 중 대표적인 것들을 모아서 연도별로 '공공 빅데이터 표준분석모델'을 만들었다. 이를 활용해 행정업무를 효율화하고 있으니 공공분야에서 데이터가 어떻게 쓰이는지 알 수 있는 좋은 사례라 하겠다.

한국지능정보사회진흥원(이하 NIA)에서 배포한 '공공 빅데이터 표준분석모델매뉴얼' 중 관광/축제분야모델(2016년)의 '축제모델'을 예로 들어보겠다. 2016년 당시는 전국적으로 약 1,000개의 축제가 열리던 시기다. 지자체마다 경쟁적으로 효과 분석 용역을 발주하고 이로 인해 중복투자가 많아져 이를 통합해서 예산을 절감해야 하는 상황이었다. 그래서 축제 관련 주요 민간 데이터를 종합적으로 분석해 축제 방문객 현황 및 경제효과를 객관적으로 파악하고 과학적 데이터 분석에 근거해 축제 활성화를 위한 기초 자료를 수집하기 위해 축제모델을 만든 것이다. 이때 활용된 주요 민간 데이터가 바로 통신사

유동인구와 카드사 소비 데이터이다. 축제 기간에 다녀간 내지인, 외지인 그리고 외국인의 이동 및 소비패턴을 활용해 축제마다 방문객 증감과 지역경제 활성화 효과를 분석해 다음 축제에 개선해 나가는 방식이다. 이처럼 다양한 민간 데이터가 활용되고 있으니 연도별 사례를 참고해 데이터 비즈니스의 기회를 잡아보자.

- (2016년) 민원분석, CCTV 사각지대, 버스노선분석, 관광·축제 효과분석 등 6개 분야
- (2017년) 지방세체납, 일자리미스매칭, 소방차·구급차 골든타임 등 10개 분야
- (2018년) 주차난 완화 방안, 생활인구, 공공 와이파이 설치, 전기차 충전소 위치 등 7개 분야
- (2019년) 최적 대피소, 장애인 노약자 무료셔틀, 무인민원발급기 등 5개 분야
- (2020년) 어린이 교통안전, 국공유지 무단점유지분석 등 5개 분야

사례 2. 데이터 플랫폼 & 데이터 바우처 사업

최근에는 민간기업들이 주도적으로 데이터를 생산하고 이를 필요로 하는 다른 기업들의 활용을 지원해주는 방향으로 가고 있다. 대표적인 정책이 '데이터 플랫폼'과 '데이터 바우처' 사업이다. 2020년

말을 기준으로 16개*의 데이터 플랫폼과 매년 2,000건 내외의 데이터 바우처(구매 및 가공분석사업 포함)가 지원되고 있다. 정부가 적극적인 데이터 개방 및 지원으로 데이터 산업 활성화의 마중물 역할을 톡톡히 해내고 있으니 데이터를 가진 CEO들은 참여해보자.

먼저 데이터 플랫폼은 분야별 데이터 활용체계를 구축하는 것을 목표로 중심이 되는 '플랫폼 회사'와 플랫폼 내에서 데이터를 공급하는 약 10개의 '데이터 센터'를 통합해서 선정하는 방식이다. 플랫폼 회사는 공공기관이나 대기업이 많은 반면 데이터 센터는 중소기업이 많다. 센터는 3년간 최대 9억 원 내외의 예산을 지원받아 데이터 연계시스템을 개발하고 이후 플랫폼을 통해서 판매할 수 있어 분야별 수요가 높은 데이터를 가진 기업(특히 중소기업)에게 중요한 사업이다. 정부는 디지털 뉴딜정책에 따라 데이터 플랫폼을 최대 30개까지 늘여나갈 계획이라고 밝힌 바 있다. 데이터 플랫폼 및 데이터 센터에 대한 자세한 내용은 NIA 통합 데이터 지도(www.bigdata-map.kr)에 잘 정리되어 있으니 참고하기 바란다.

다음으로 데이터 바우처 사업은 판매기업들이 데이터를 마켓처럼 펼쳐 놓고 많은 수요기업들이 이를 살 수 있도록 지원하는 사업이다. 2021년 5월을 기준으로 총 398개의 판매기업(민간기업과 공공기

* 문화, 통신, 유통, 헬스케어, 교통, 환경, 금융, 중소기업, 지역경제, 산림, 소방안전, 스마트치안, 해양수산, 농식품, 라이프로그, 디지털산업혁신 포함 총 16개 데이터 플랫폼이 선정된 바 있다.

(분야) 과제명	주관기관	센터 구성	플랫폼 URL
(금융) 금융 빅데이터 플랫폼	비씨카드	7개(다음소프트 등)	fnbigdata.com
(환경) 환경 비즈니스 빅데이터 플랫폼	수자원공사	9개(그린에코스 등)	bigdata-environment.kr
(문화) 문화체육관광 빅데이터 플랫폼	문화정보원	10개(야놀자 등)	culture.go.kr/bigdata
(교통) DIAMOND-E 빅데이터 플랫폼	교통연구원	8개(아이나비 등)	bigdata-transportation.kr
(헬스케어) 암 빅데이터 플랫폼	국립암센터	5개(삼성서울병원 등)	cancerportal.kr
(유통) 유통·물류 빅데이터 플랫폼	매일방송	10개(식신 등)	kdx.kr
(통신) 통신 빅데이터 플랫폼	케이티	15개(두잉랩 등)	bdp.kt.co.kr
(중소기업) 중소·중견기업 빅데이터 유통 플랫폼	더존비즈온	8개(인크루트 등)	datastore.wehago.com
(지역경제) 지역경제 빅데이터 플랫폼	경기도청	9개(코나아이 등)	ggdata.kr
(산림) 산림 어메니티 빅데이터 플랫폼	임업진흥원	8개(비글 등)	forestdata.kr
(농식품) 농식품 빅데이터 플랫폼	aT센터	7개(이지팜 등)	kadx.co.kr
(소방안전) 소방안전 빅데이터 플랫폼	소방청	7개(세종소방본부 등)	bigdata-119.kr
(치안) 스마트치안 빅데이터 플랫폼	치안정책연구소	9개(더치트 등)	bigdata-policing.kr
(해양수산) 해양수산 빅데이터 플랫폼	해양수산개발원	10개(랩오투원 등)	bigdata-sea.kr
(헬스케어) 라이프로그 빅데이터 플랫폼	원주연세의료원	10개(굿닥 등)	bigdata-lifelog.kr/portal
디지털 산업혁신 빅데이터 플랫폼	산업기술시험원	7개(가이온 등)	bigdata-dx.kr

각 분야별 빅데이터 플랫폼

관 포함)이 총 1,783개의 파일과 348종의 API를 제공중이다. 더불어 728개의 가공기업이 등록되어 있어 데이터 구매뿐만 아니라 서비스 개발 등 다양한 가공 서비스도 제공한다. 판매기업과 가공기업

중에는 데이터 전문기업들이 많으니 필요할 때 도움을 받거나 벤치마킹하기를 추천한다. 자세한 내용은 한국데이터산업진흥원의 데이터 스토어(www.datastore.or.kr)를 참고해보자. 데이터 바우처 사업을 통해 수요기업은 최대 1,800만 원까지 지원받을 수 있으니 데이터 수요처가 확실한 데이터를 가진 기업들은 바우처 사업에 판매기업으로 등록해보자.

사례 3. 데이터 거래소

데이터 스토어와 비슷하지만 은행, 카드 등 금융분야에 더 특화해서 만든 금융보안원의 금융 데이터 거래소(www.findatamall.or.kr)에서는 2021년 5월을 기준으로 104개의 금융회사가 총 668종의 데이터를 제공하고 있다. 특이한 점은 일반 데이터, 맞춤 데이터 이외에도 데이터 공급자 간 결합한 결합 데이터를 제공하고 있어 기존 플랫폼과는 차별화된다. 뿐만 아니라 데이터 공급자와 수요자 사이에 가격체계, 분석도구를 공유하면서 안전하고 신뢰 가능한 데이터 거래 초기시장을 조성하는 역할도 한다.

민간분야 데이터 비즈니스 및 활용 사례

데이터 3법 시행 이후 많은 기업들이 데이터 활용에 박차를 가하고 있다. 그간 명확한 근거가 없어 활용이 어려웠던 가명정보, 익명정보 활용에 대한 법적근거가 마련되고 데이터 결합기관*을 통한 가명정보 결합이 가능해졌기 때문이다. 물론 법 시행 이전에도 통계 데이터로 일부 분야에 활용했으나 제약이 많아 서비스 시장으로 자리 잡지는 못했다. 이제 가명정보를 활용해 시장조사 등 상업적 목적의 통계 작성과 산업적 연구가 활발해져 지금까지 보지 못한 새로운 차원의 서비스나 사업이 나올 것으로 예상된다.

사례 1. 상권분석 서비스

데이터 3법 시행 이전 가장 보편화된 빅데이터 서비스는 카드사 빅데이터를 지도 위에 펼쳐 시각화한 '상권분석 서비스'이다. 창업을 고민하거나 점포관리가 필요한 경우 지역과 업종을 선택하면 손쉽게 매출 규모, 경쟁 점포수, 소비패턴, 유동인구 등을 볼 수 있고 매출 추정, 업종 추천 같은 핵심 의사결정 값들도 제공해준다. 이를 통해 창업자들은 적은 비용으로 빠르게 업종을 선택하거나 예상 후보

* 금융위원회가 지정한 데이터 전문기관(4개)과 개인정보보호위원회가 지정한 결합전문기관(9개)을 포함해 총 13개의 기관이 있으며, 신용정보와 결합하는 경우에는 데이터 전문기관을 활용해야 한다.

지도 찾을 수 있어 매우 효율적이다. 최근에는 지역 단위보다 세분화된 건물 단위 상권분석도 제공하고 다양한 데이터 간 결합으로 정확한 매출과 고객 수요까지 반영한 주력제품 추천 등 새로운 빅데이터 서비스가 나타나고 있다.

아래 사이트와 일부 금융회사들(IBK 등)도 자사 서비스 내에서 상권분석 서비스를 제공하고 있으니 데이터를 가진 CEO들은 어떤 데이터가 활용되고 있는지 참고하길 바란다.

- 소상공인시장진흥공단, 소상공인 상권정보시스템(http://sg.sbiz.or.kr)
- 서울시, 우리마을가게 상권분석 서비스(http://golmok.seoul.go.kr)
- 나이스지니데이타, 나이스비즈맵 상권분석 서비스(http://nicebizmap.co.kr)
- SK텔레콤, 지오비전GeoVision(http://bizanalysis.geovision.co.kr)

사례 2. 제품판매 모니터링

편의점, 마트 등 유통사들은 보유한 유통 빅데이터로 제조사들이 필요로 하는 제품별 판매 트렌드 모니터링 서비스를 제조사들에 제공하고 있다. 제조사 입장에서는 소규모 표본조사로는 볼 수 없었던 상세한 제품·지역별 판매 트렌드나 어떤 제품이 장바구니에 함께 담기는지, 나아가 유통채널별 판매 동향 등 전략 수립에 필수적인 내용을 빠른 시간 내에 상세히 볼 수 있다는 장점이 있다. 또 데이터 3법 시행으로 유통 및 카드 데이터 간 결합이 가능해져 제품별 판매량에서 나아가 소비패턴에 따른 판매량처럼 고객 속성이 더 반영된 방식으로 활용할 수 있게 된다. 아직 시범단계 수준이나 결합된 데이터를 활용해 제품별 고객 성향 분석, 제품 간 갈아타는 트렌드, 나아가 신제품에 대한 반응, 고객이나 신제품이 자사의 기존 제품 매출을 잠식하는 카니발 현상이 있는지 등을 알 수 있도록 활용처가 다양하다.

이처럼 소비자들의 니즈가 데이터를 통해 빠르게 제조사들의 제품 기획에 반영되고, 소비자 수요에 맞는 신제품이 출시되면 매출도 늘어나고 재고로 남거나 버려지는 제품도 줄어들게 된다. 빅데이터 분석을 통해 개인, 기업의 효용은 증대되고 나아가 친환경적인 환경이 조성되기까지 그 혜택은 무궁무진하다.

사례 3. 빅데이터 기반 대안신용평가시스템

현행 금융권의 개인사업자 신용평가는 사업자 개인의 과거 금융기록, 예를 들어 대출, 카드, 할부금융 같은 금융거래패턴이나 연체정보 등을 주로 활용한다. 사업상의 필요성 및 성공 여부가 아닌, 개인의 신용평가 결과에 기반한 대출인 셈이다. 이러한 문제점을 극복하고

자 데이터 3법 시행 이후 빅데이터를 활용한 대안신용평가시스템을 개발하는 사례가 늘고 있다.

2020년 12월 2일에 올라온 매일경제 기사에 따르면 네이버파이낸셜은 미래에셋캐피탈과의 협업으로 대안신용평가시스템을 활용한 신용대출 상품을 선보였다. 아직까지는 신용평가사의 금융 데이터를 많이 활용하지만 매출 흐름, 단골 비중, 고객 리뷰, 방문자수, 반품률 등 사업의 핵심정보가 실시간으로 활용되는 게 특징이다. 이는 재무정보가 없거나 담보로 잡을 매장도 없어 은행 대출이 어려웠던 온라인 중소 사업자의 대출 문턱을 낮추는 효과를 가져왔다. 결과적으로 현행 금융권 신용평가와 비교했을 때 대안평가는 40%의 승인율로 금융 사각지대를 줄여 나갈 수 있으니 빅데이터 활용의 긍정적 사례라 볼 수 있다.

민간분야 데이터 사업자들

데이터 비즈니스를 가장 활발히 하는 곳은 통신사와 카드사이다. 통신 및 카드 데이터를 활용해 고객의 이동 및 소비패턴을 분석하고 이를 서비스화해 기업 및 공공분야의 다양한 빅데이터 분석 수요에 맞게 제공하고 있다. 통신 및 카드 데이터의 장점으로는 지역별 상세한 유동인구 및 소비내역을 전국 단위로 제공할 수 있고 장기간 시계열 데이터로 제공할 수 있어 활용할 가치가 매우 높다. 반면 수요자들의 요구가 다양한 만큼 초기 대규모 데이터 구축 프로젝트를 필요로 했다는 점은 참고할 만한 부분이다.

신용정보회사도 지역별 인구, 소득, 소비, 대출, 카드 사용 등 금융 통계정보를 제공하거나 기업들의 사업 동향, 재직자의 일자리 변동 등의 다양한 기업통계정보를 제공하고 있다. 최근에는 유통회사, 소셜 데이터 분석회사, 온라인 데이터 회사 등 새롭게 유통 및 상거래 빅데이터를 제공하는 기업들도 늘고 있다.

이처럼 잘 처리된 데이터를 갖고 있다면 가능한 데이터 비즈니스는 무궁무진하다. 익명 및 가명 데이터뿐만 아니라, 가명정보 간 데이터 결합을 통해 다양하게 활용할 수 있다. 공공 및 민간분야의 다양한 업무나 의사결정 프로세스에서 활용될 수 있는 상업적 통계나 연구결과도 제공할 수 있다. 나아가 상권분석, 판매 동향 모니터링, 그리고 대안평가시스템처럼 서비스를 만들거나 컨설팅을 통해 사업화할 수도 있다.

그렇다고 지금까지 본 예시나 사업화 가능성만으로 '왜 해야 할까?'라는 질문에 답을 내리기는 어려울 것이다. 제4차 산업혁명 시대에는 모든 기업이 데이터를 활용해 내부 프로세스를 개선하고 새로운 사업을 도모해야 하기 때문이다.

호모 데이터쿠스들의 시대에서 살아남기

이제는 '제4차 산업혁명'이라는 말이 낯설지 않다. 2016년 세계 경제 포럼에서 클라우스 슈밥Klaus Schwab이 주창한 개념인데, 그해 바둑에서 알파고가 이세돌 9단을 이겨서 그런지 산업혁명의 중심에 선 느낌이다. 그 이후로도 사물인터넷, 클라우드, 빅데이터, 모바일, 인공지능, 블록체인, 5G, 자율주행 등 쉴 새 없이 새로운 것이 쏟아진다. 이제 그만 나올 법도 한데 하루가 다르게 나타난다. 심지어 코로나19라는 세계적인 팬데믹 상황에서도 비대면, 온택트 같은 산업혁명의 변화 속도는 더욱 빨라만 지고 있다. 변화무쌍한 제4차 산업혁명 시대에 데이터를 가진 CEO들은 어떻게 대처해나가야 할까? 이제 '왜 해야 할까?'라는 질문에 데이터 비즈니스의 관점에서 답을 해보고자 한다.

스티브 잡스는 알고 있었을까? 그는 컴퓨터가 가정으로 들어오게 하고 그 컴퓨터들이 인터넷으로 연결되어 모바일을 통해 사람들이 손쉽게 언제 어디서나 연결되도록 만든 장본인이다. 여기까지는 스티브 잡스도 예상하고 기대했을 것이다. 문제는 사람들이 삶을 모바일 속으로 더욱 깊숙이 밀어 넣으면서 모든 것이 '디지털'이라는 이름으로 남겨지고 공유되기 시작한 점이다. 불을 발견했던 호모 사피엔스들이 데이터를 직접 활용하고 다루기 시작하면서 제4차 산업혁명 시대를 살아가는 '호모 데이터쿠스'로 진화하는 즉, '고객들이 데이터를 쓰는 시대'가 온 것이다.

1. 데이터 자기결정권: 마이데이터

이제 사람들은 주어진 정보를 일방적으로 받아들이지 않고 능동적인 수요 및 공급자로서 디지털 세상에서 만나 소비하고, 배우고, 생각을 교류하고, 자신의 존재감을 드러낸다. 거래의 대상이 아닌 주체가 된 것이다. 음식점을 고르는 것만 해도 그렇다. 유명한 프랜차이즈보다 한적한 시골 맛집을 찾는 번거로운 검색도 마다하지 않고 사진을 찍어 리뷰를 공유하는 게 일상이다.

이러한 변화에 따라 데이터 3법 개정 당시 신용정보법에 '마이데이터'라는 새로운 제도가 도입되었다. 마이데이터란 '개인정보 이동권'을 기반으로 정보의 주체가 본인의 정보를 적극적으로 관리 및 통제하고 이를 신용, 자산 등에 주도적으로 활용하는 것이다. EU는 2018년 개인정보보호 법령을 개정했으며 영국과 미국도 2011년부터 다양한 정책을 추진하고 있다. 신용정보법 개정 전에는 은행(계좌정보), 카드회사(결제정보), 보험회사(납부정보) 등에 흩어져 있는 정보를 한 눈에 파악하기 어려웠다면 신용정보법 개정 후에는 마이데이터 서비스를 통해 흩어져 있는 개인신용정보를 한 번에 확인하고 통합해 분석하는 것이 가능해졌다.

앞으로 금융권에서는 고객이 자기 결정권(개인신용정보 전송요구권)을 기반으로 예금, 대출, 자산 등 다양한 금융정보를 통합해 가장 좋은 금융상품을 추천받게 된다. 은행, 카드, 보험, 자산관리 등 영역별로 고객이 일일이 금융상품을 검색하고 발품을 팔아 비교해보는 과정이 생략된다. 즉, 고객이 자신의 데이터로 모든 것을 간편하게 결정하는 생활이 가능해지는 것이다. 참고로 개인정보보호법에도 마이데이터 제도가 도입될 예정이다. 금융뿐만 아니라 의료, 헬스케어, 통신 등 다양한 분야에서 고객이 데이터 자기결정권을 행사할 수 있는 날도 머지않았다.

2. 자신보다 자신을 더 잘 아는: 빅테크 플랫폼

혹여나 고객이 직접 데이터를 써 기업들이 곤란한 상황에 처할까봐 걱정할지도 모르겠다. 사실은 그렇지 않다. 역설적으로 디지털 세상에서 개인이 남긴 힌트(데이터)가 많아져 오히려 고객을 이해하기 쉽고 접근하기도 편하다. 오프라인에 비해 관련 비용도 저렴하다. 그에 따라 데이터를 활용하는 기업에 의해 산업구조도 바뀌기 시작한다. 그 예가 '빅테크 플랫폼'이다.

모바일이 보편화된 이후 사람들은 생활을 더 편하게 해주는 방향으로 몰려다니기 시작한다. 처음에는 온라인 쇼핑이 그랬고 이후에는 카카오페이 같은 간편한 결제방식이 그렇다. 예금이나 대출을 위해 은행 지점을 갈 필요가 없어졌다. 이제 금융은 비대면이 대세이다. 택시 같은 모빌리티도 직접 부르는 세상으로 변하더니 배달 없이는 코로나를 버틸 수 없게 되었다. 이젠 하다못해 식당 예약도, 중고거래도, 방을 구할 때도 빅테크 플랫폼부터 찾아본다. 일상이 데이터로 기록되고 저장되고 연결된다. 이제는 데이터가 나보다 나를 더 잘 알지도 모른다.

그렇다고 여기서 빅브라더나 정보보호, 데이터 윤리를 언급하려는 건 아니다. 오히려 데이터를 활용해서 산업 간 경계가 무너지고 고객중심으로 서비스를 융합하는 식으로 산업구조가 변하고 있음을 말하고자 한다. 예를 들어, 은행이나 증권사가 배달 주문을 받고 화장품을 사면 피부에 맞지 않는 제품은 저절로 계산에서 빠지는 세상이 그리 멀지 않은 것이다. 고객이 해야 할 일을 더 편하게 하거나 고객을 잘 이해하고 미리 해결해주는 방향으로 산업구조는 나아갈 것이다. 대신 데이터를 가진 CEO들이 고객 데이터를 잘 활용하지 못하면 플랫폼의 단순 공급사로 역할이 제한될 수 있으니 데이터를 현명하게 활용하길 바란다.

이전에는 CEO의 상상에서 아이디어가 출발해 고객이 받아들이는 흐름이었다면, 이제는 새로운 아이디어가 고객의 호기심에서 출발해 데이터를 통해 CEO들에게도 전달되는 방식으로 변화하고 있다. 그

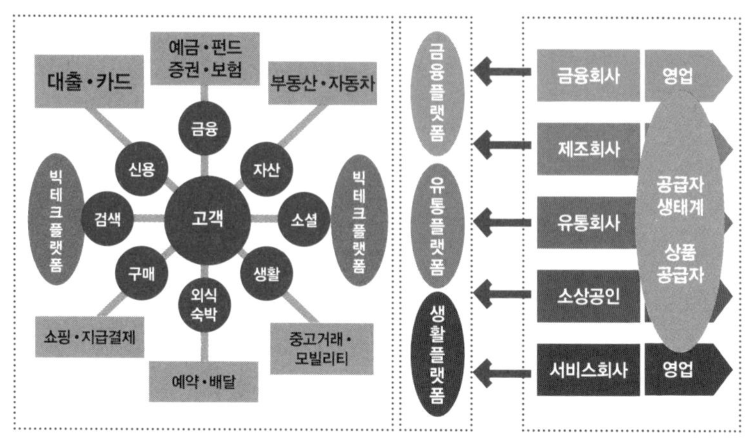

빅테크 플랫폼

렇다면 이러한 시대의 흐름에 어떻게 발 빠르게 대응해야 할까?

데이터를 가진 CEO들은 디지털 트랜스포메이션 하자

최근 뉴스를 보면 제4차 산업혁명보다 '디지털 트랜스포메이션Digital Transformation'이 더 많이 회자되고 있다. 이는 디지털 트랜스포메이션 선도기업과 후발기업 간의 성과 차이가 뚜렷하기 때문인데 예로 상위 25% 기업의 3년 평균 성장률을 보면 매출총이익률은 49% 높고, 순이익은 57% 높다*. 이처럼 '고객들이 데이터를 쓰는 시대'의 생존전략으로서 디지털 트랜스포메이션에 그 실천적 해법이 있는지 살펴보자.

A.T. 커니A.T. Kearney는 디지털 트랜스포메이션을 '모바일, 클라우드, 빅데이터, 인공지능, IoT 등 디지털 신기술로 촉발되는 경영 환경상의 변화 동인에 선제적으로 대응함으로써 ① 현행 비즈니스의 경쟁력을 획기적으로 높이거나 ② 새로운 비즈니스를 통한 신규 성장을 추구하는 기업 활동'이라고 말했는데 데이터를 가진 CEO들에게는 이 정의를 추천한다.

쉽게 말해 디지털 트랜스포메이션이란 현재 사업의 경쟁력을 강화하고 새로운 사업 기회를 잡기 위해 조직, 프로세스, 비즈니스모델, 커뮤니케이션에 근본적인 변화를 주는 것을 의미한다. 데이터를 가진 CEO들에게 이보다 중요한 게 있을까 싶다.

디지털 트랜스포메이션은 고객경험, 프로세스, 비즈니스모델 3가지 영역을 전략적으로 고려해야 한다. 고객경험은 고객중심의 경험을 강화하는 커뮤니케이션을 구현하는 것으로 고객행동, 제품 및 서비스 활용 관련 각종 데이터를 체계적으로 분석하고 실시간으로 고객 니즈에 대응하고 온오프라인 옴니채널을 운영하는 것이다. 프로세스는 의사결정 속도를 높이기 위해 모바일, 소셜미디어, 클라우드, 인공지능 등 다양한 IT 기술을 활용하는 것을 말하며 마지막으로는 제품,

* 출처: 하버드경영연구원(HBS).

서비스, 비즈니스모델을 재설계하는 것이다.

참고할 만한 디지털 트랜스포메이션 사례로는 스타벅스*가 있지만 현실성을 따져 중소규모 서비스회사의 디지털 트랜스포메이션 과정을 예시로 들어보겠다. 사례의 회사는 20년 이상 소상공인을 대상으로 IT 솔루션을 제공하면서 서비스도 다양해지고 매출, 재고, 구매고객 등 데이터도 많이 쌓인 상태이다. 앞으로는 고객들에게 새로운 부가가치를 제공해 회사를 성장시키고 데이터를 의미 있게 만들어 신규 사업을 발굴하고 싶은데 어디서부터 출발해야 할지 고민중이다.

앞서 3VD에 대해 설명했듯이 1단계는 데이터 구축이다. '구슬이 서 말이라도 꿰어야 보배'라고 내부 데이터가 많아도 그 데이터를 쓸 수 있게 만드는 데는 오랜 시간이 필요하다. 우리나라에서 판매되고 있는 음식 종류가 몇 가지나 될까? 한식, 일식, 중식, 양식처럼 나라별 분류 말고, 갈비탕이나 자장면 같이 세부적인 기준으로 나눴을 때, 전국의 10만 개 음식점에서 700만 개의 메뉴가 판매되고 있다. 아메리카노에 대한 표현법만 50가지가 넘는다. 6개월에 걸쳐 50%의 메뉴를 체계화하고 와인, 사케 같은 소량 다품종 메뉴와 주인만 알 수 있을 법한 메뉴들은 제거한다고 가정해보자. 머신러닝 등 데이터 기술과 라벨링 같은 인적수고까지 더해지고 나면 국내에서 가장 큰 메

* Starbucks Isn't a Coffee Business — It's a Data Tech Company (https://marker.medium.com) Was Rahman Jan 16, 2020.

뉴 데이터가 탄생한다. 그래봐야 이제 시작이다. 그 외에도 많은 양의 데이터들을 정제하고 분류하고 코드화하기까지 할 일이 가득이다.

데이터 구축 이후 2단계에서는 고객중심으로 프로세스를 재편한다. 그동안 업무 단위로 서비스를 개발하다 보니 메인 프로세스를 조금만 벗어나도 큰 일이 된다. 메인 프로세스를 유지한 채 사용자별로 업무를 나누고 자동화할 것들을 정리한다. 예를 들어 사장님에게는 경영보고서를, 직원들에게는 마케팅 솔루션을, 중간관리자에게는 리스크관리 솔루션을 맡기는 식으로 업무를 분리한다. 민감한 영역인 대량의 고객정보 처리는 자동화해서 인적 개입이 없게 만들어 위험을 차단한다. 이러한 과정도 다양한 데이터와 디지털 기술이 있기에 가능하다.

프로세스 개선 이후 3단계에서는 신기술을 적용한 서비스 개발로 사업 경쟁력을 강화한다. 예를 들어, 고객들에게 동일하게 뿌려지던 마케팅 문자들은 반응률과 추천 로직을 거쳐 기존 대비 발송량은 줄이되 구매는 더 많아지도록 지능화한다. 물론 성공률을 높이기 위해 지속적인 업그레이드를 해야겠지만 스타벅스까지는 아니더라도 고객에게 이익이 되는 마케팅을 할 수 있다는 건 큰 변화이다. 특히 이 단계에서는 외부 데이터나 솔루션과의 결합이 중요하다. 앞서 설명한 상권분석시스템이나 판매량 모니터링시스템 같은 외부 빅데이터 서비스와 결합해 사용자는 매장 신설, 관리, 판매성과평가 등을 간편하게 통합해서 처리할 수 있다.

마지막으로 이렇게 개발된 경험을 살려 내부 데이터와 외부 데이터가 결합된 자신만의 새로운 데이터 서비스를 개발해 신규고객을 확보할 수 있다. 예로 상권분석시스템이 매출중심의 현황을 보여준다면 음식 종류, 공산품, 식자재 등 상품 단위 매출까지 추가해 매출 증대 방안을 추천해주는 서비스를 만들 수 있다.

만약 인공지능 같이 고도화된 기술을 확보하거나 도입한다면 아래 과제들에도 도전해보자.

- 고객을 이해하기 위한 데이터를 구축하고 그들의 속성, 패턴, 관심, 취미 등을 분류하자
- 과거 데이터를 활용해서 미래의 행동, 취향, 구매 의사 결정 등을 예측하자
- 고객 한 명, 한 명에게 잘 맞는 스토리, 콘텐츠, 상품을 만들어 선호채널을 추천하자

빅데이터 사업을 시작할 당시 데이터만 있으면 다 될 것이라 믿었다. 그러나 초기 데이터 활용단계에서 쓸 가치가 있는 데이터는 사막에서 바늘 찾는 수준으로 구하기 어려웠고 돈이 되는 성과물을 만들기는 더더욱 힘들었다. 머신러닝 같은 신기술과 전문가들의 도움

으로 전보다는 수월하게 고도화된 성과물을 만들어냈지만 아쉽게도 일회성 수익을 넘어 사업화하기까지는 풀어야 할 숙제가 너무 많았다. 고객은 더 많은 데이터를 쏟아내고 그것을 활용하는 기업들은 더 정교한 데이터 처리와 모델을 원하고 있다. 하지만 데이터 3법 시행과 디지털 뉴딜정책 등 많은 기업들이 도전해볼 수 있는 환경이 만들어지고 있는 것도 사실이다. 고객중심의 디지털 트랜스포메이션에 성공한다면 더 많은 기회와 고객들이 찾아올 것이기에 데이터를 가진 CEO들에게 반드시 데이터 비즈니스를 시도해보라고 권하고 싶다.

마지막으로 빅데이터 선진국이라 할 만한 미국도 고가의 전산장비나 소프트웨어를 잔뜩 사서 데이터만 쌓아 두던 빅데이터 1.0을 보내고 데이터를 활용해 문제를 해결하고 프로세스를 개선하려는 빅데이터 2.0을 지나고 있다. 누구나 직접 해보고, 실패하고, 실수하면서 배운다. 그러니 하루라도 빨리 데이터를 써보자. 다가올 빅데이터 3.0은 어떤 모습일지 그려 보면서.

참고문헌

2장 알아두면 쓸모 있는 술에 대한 잡지식

조성흠, 「코로나19에 식당 고객 3분의 2 줄었다」, 『연합뉴스』, 2020년 3월 13일 자.

3장 그 많던 복고는 다 어디로 갔을까?

권혜진, 「하루에 10개씩 쏟아진다…… 편의점 신상품 경쟁 격화」, 『연합뉴스』, 2020년 10월 9일 자.

김종윤, 「뉴트로 타고 '태양의 맛 썬' 판매량 6천만 봉 돌파」, 『뉴스1』, 2020년 2월 13일 자.

이영민, 「죠스바 · 스크류바 · 수박바 합친 '죠크박바'」, 『연합뉴스』, 2020년 3월 30일 자.

최신혜, 「롯데제과, 한정판 '죠크박바' 1주일 만에 180만개 완판됐다」, 『연합뉴스』, 2020년 4월 14일 자.

5장 현대판 맹모삼천지교, 학군

통계청, 「2019년 초중고 사교육비조사 결과」, 2020년 3월 10일 게시.

6장 데이터 인사이트를 찾기 위해 필요한 모든 것

이상종, 「관리는 추가 매출 발생 위한 마케팅 활동이다」, 『이코노믹리뷰』, 2017년 4월 26일 자.

8장 데이터는 원유일까, 단지 검은 액체일까?

유승연, 「뛰어난 데이터도 활용 어려우면 쓸모없어 구독경제 시대 맞게 데이터 표준화 절실」, 『동아비즈니스리뷰(DBR)』 305호, 2020년 9월 15일 자.

9장 데이터를 가진 CEO들을 위한 맛집 레시피

이새하, 「네이버파이낸셜, 年3.2% 신용대출 내놔」, 『매일경제』, 2020년 12월 1일 자.

Was Rahman, Starbucks Isn't a Coffee Business — It's a Data Tech Company, Jan 16, 2020.

나이스한 데이터 분석

: 데이터가 말하는 트렌드

초판 인쇄 2021년 11월 9일
초판 발행 2021년 11월 17일

지은이 나이스지니데이타

펴낸이 김승욱
편집 김승욱 심재헌 박영서
디자인 최정윤
마케팅 채진아 유희수 황승현
홍보 김희숙 함유지 김현지 이소정 이미희
제작 강신은 김동욱 임현식

펴낸곳 이콘출판(주)
출판등록 2003년 3월 12일 제406-2003-059호
주소 10881 경기도 파주시 회동길 455-3
전자우편 book@econbook.com
전화 031-8071-8677(편집부) 031-8071-8673(마케팅부)
팩스 031-8071-8672

ISBN 979-11-89318-30-7 03310